植物の謎

60のQ＆Aから見える、強くて緻密な生きざま

日本植物生理学会　編

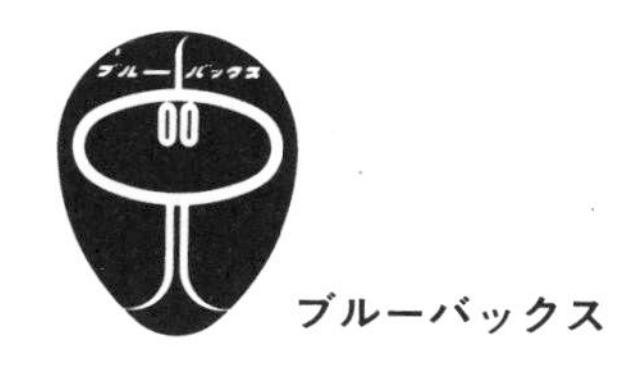

ブルーバックス

本書は日本植物生理学会ホームページ（https://jspp.org/）に寄せられた質問とその回答をもとに編集したものです。2007年刊行の『これでナットク！　植物の謎』および2013年刊行の『これでナットク！　植物の謎　Part 2』の内容も一部抜粋、改訂のうえ盛り込みました。

装幀／五十嵐 徹（芦澤泰偉事務所）
カバーイラスト／斉藤知子
本文図版／さくら工芸社
本文・目次デザイン／齋藤ひさの
構成／高橋知子

はじめに

わたしたちのまわりには植物が溢れています。植物は地球に降りそそぐ太陽光のエネルギーを生物が利用できる化学エネルギーに変えることによって成長します。一方で、わたしたち人類を含む動物の活動のエネルギーは他の生物に依存しています。植物を食べた草食動物を肉食動物が食べ、そしてそれらの遺骸を微生物が分解し、その成分を植物が利用するという食物連鎖は循環系であることは確かですが、エネルギーの純粋な入力源は太陽光であり、食物連鎖の基盤には植物が必要と言えます。また、呼吸に必要な酸素も植物の光合成によって生み出されたものです。つまり、究極的には地球上の生命は植物の活動に依存しています。

わたしたち人類は考える生物なので、周りのことに対してなぜだろうと疑問をもちます。植物をみると、なぜ緑色なんだろう、なぜ葉は平たいんだろうと次々に疑問が湧いてきます。よくみると植物は緑色とは限りません。葉も新緑から濃い緑へ、秋には赤や黄色に色が変化するものもあります。松や杉の葉をみると平たいことも当然のことではないようです。葉だけではなく、根、茎、花もあります。動くものと書く動物との対比で、植物は動けないものと考えてしまいがちですが、食虫植物のようにダイナミックに動くものもいれば、地面の近くにはコケやシダ、水の中にはコンブやワカメも含めて多様な藻類がいます。人類は自分たちが生物界の頂点にいると思うかもしれませんが、長寿な巨木や緑の風景をみると植物も人類とは異なる生き方で生物として成功しているようです。では、植物って何でしょうか。どうやって成長するのでしょうか。

わたしたち日本植物生理学会は、植物のなぜについて、仕組みを調べることで理解したい研究者の集まりです。扱う植物、研究テーマ、アプローチは多様です。本会では2003年からホームページ（https://www.jspp.org/）に研究者と一般社会をつなぐ「みんなのひろば」を開設し、広報活動を進めています。2022年、累計アクセスは300万回を突破しました。そのなかの一番の人気コーナーが本書のもととなっている植物Q＆Aです。ここには小学生から大学生、趣味で植物を育てるひとから植物に関わりが深い職業のひとまで、幅広い方から質問が寄せられます。質問のなかには、植物の研究者にとっても新鮮で、本質的な点をついているものもあります。寄せられた質問に対しては、現在までにわかっていることをもとにできる限り平易な言葉で、かつ、正確に答えることを心がけてきました。

そのような興味深いQ＆Aがホームページに蓄積してきたので、これらをより多くのひとに知ってもらいたいと考えました。そこで、これまですでに植物Q＆Aをもとにブルーバックスから、『これでナットク！　植物の謎』（2007年）と『これでナットク！　植物の謎Part2』（2013年）を刊行しています。その後も質問はとどまることなく、回答が蓄積しました。質問総数は6000件、回答を伴うQ＆Aは3600件あまりとなっています。このコーナーを始めた頃には1000件ぐらいでQ&Aは収束するだろうと考えていましたが、予想がはずれました。これは、植物の多様性、面白さと関心の高さを物語っていると言えます。

そして、次は続編として出版するのではなく、これまでのQ&Aから項目を選択し統合することとし、新たに本書『植物の謎　60のQ&Aから見える、強くて緻密な生きざま』が生まれました。どこから読み始めても楽しんでもらえますが、項目を60のQ&Aとして10章に整理しています。食料から環境まで広く植物が役に立っていること、植物のからだが実に巧妙にできていること、その背景にはこれを支える分子や細胞、そして生物同士のコミュニケーションといった見事な仕組みがあることがわかっていただけると思います。本書が読者の興味を満たし、植物への関心を一層高めていただけることを願っています。

また、Q&Aで回答を得るだけでなく、次に新たな疑問が湧いてくるかもしれません。まさに疑問は科学の発展と知識の集積の原動力です。冒頭にも書きましたが、植物は地球の生命を支える大切なパートナーです。植物に関する素朴な疑問に端を発して、わたしたちの知的好奇心を満たしつつ、植物への理解が進むこと、さらには人類の生存と持続的活動に貢献することができれば素晴らしいことです。学生の皆さんには植物研究を志すきっかけとなれば幸いです。現代の科学は社会と切り離して存在するものではありません。健康や医療に関する研究に加えて、植物を対象とする研究活動の重要性を理解する社会であることを願っています。本書が少しでもこのために役割を果たすことができればとても嬉しいことです。多くの研究は現在進行形で続いており、新たな発見や裏付けなどにより、本書で言及されていなかったことが明らかになるといったこともあります。ここで紹介したことが全てとは考えず、皆さんも、さらに探求していただければと思います。

本書に質問を寄せていただいたみなさま、質問に対して回答を準備してくださった植物科学の研究者のみなさま、そして、回答者を選び、あるいは自身が回答を準備してくださった日本植物生理学会の歴代のサイエンスアドバイザーのみなさま、みんなのひろばの運営に関わってきた歴代の広報委員および委員長のみなさまに厚く御礼申し上げます。

なかでも本書の質問の整理と回答の編集にあたり、サイエンスアドバイザーの勝見允行氏（国際基督教大学）、佐藤公行氏（岡山大学）、櫻井英博氏（早稲田大学）、竹能清俊氏（新潟大学）、山谷知行氏（東北大学）寺島一郎氏（東京大学）、長谷あきら氏（京都大学）に感謝を申し上げます。みなさまの情熱がなければ本書は出版することができませんでした。また、広報委員会の小竹敬久氏（埼玉大学）および藤田知道氏（北海道大学）には企画段階から刊行まで多くの時間を費やしていただきました。心より御礼申し上げます。

2024年1月

日本植物生理学会会長　河内孝之

第2章 花

きれいな花に隠された植物の生きざま

第3章 葉

色、形、数にはワケがある

第4章 色

植物の多様な色とその変化の不思議

第5章 細胞と代謝

第6章 植物ホルモン

植物のふるまいを司るシグナルの秘密

第7章 動き・成長

ダイナミックな動きや学習まで！ 植物の力にまつわるナゾ 139

第10章 自由研究 身近な植物の素朴なナゾ

第1章

食べられる植物

味、色、実のなり方に隠されたナゾ

Q1 果物は冷やすと甘くなるのか？

夏休みに沖縄へ行ったときにマンゴーを食べました。農園で食べたマンゴーも美味しかったのですが、そこで切り分けたマンゴーをホテルに持ち帰って冷やしたら、もっと甘く感じました。果物は冷やすと甘さに変化があるのでしょうか？　他の果物はどうでしょうか？（小学生）

＊以下、質問の最後のカッコ内は質問者の属性です。質問は日本植物生理学会ｗｅｂサイトの「みんなのひろば　植物Ｑ＆Ａ」コーナーに寄せられた質問より編集しています。

果物の甘みは含まれる糖によるもので、主にショ糖（スクロース。いわゆる砂糖）、ブドウ糖（グルコース）、果糖（フルクトース）です。これらが含まれる割合は、果物の種類によって異なり、また、同じ果物でも品種や系統によって異なるだけでなく、栽培の条件でも異なります。その糖組成と、さらに酸味や香りが加わって果物の味が決まります。

糖は種類によって甘いと感じる度合いに違いがあり、ショ糖の甘みを１００とすると、ブドウ糖は70、果糖は80～１５０くらいといわれています。

果糖の甘みに幅があるのは、甘みが温度の影響を受けるからです。というのも、果糖は分子構造上、α（アルファ）型とβ（ベータ）型があり、高温ではα型が増えて、低温ではβ型が増えるというように、温度によって両型を行き来します。そして、β型の果糖はα型の果糖の3倍も甘く感じられるという特徴があります。つまり、より甘いβ型の果糖は、温度が低くなると量が増えることもあり、果糖を多く含む食品は低温のほうがより甘く感じられるというわけです。

ショ糖やブドウ糖の甘さには、このように温度で変わる性質がないため、果物の甘さの温度依存性は、糖全体に対してどれくらい果糖が含まれているかで決まると考えられます。

それでは、マンゴーには果糖がどれくらい含まれているのでしょうか。

『日本食品標準成分表2020年版』によると、マンゴー100gあたりに含まれる糖の量は、ショ糖が約7・3g、果糖が約4・4g、ブドウ糖が約1・3gで、果糖が糖全体の約34％を占めていることがわかります。

では、他の果物はどうでしょうか。やはり熱帯果物であるパイナップルを見てみると、ショ糖が約8・8g、果糖が約1・9g、ブドウ糖が約1・6gで、果糖は糖全体の約15％を占めており、バナナの場合は、ショ糖が約10・5g、果糖が約2・4g、ブドウ糖が約2・6gで、果糖は糖全体の約15％を占めています（図1－1）。どちらも果糖の比率がマンゴーよりも少ないことから、パイナップルとバナナは、マンゴーのように低温にしても甘みは増さないと考えていいでしょう。一方、果糖の割合が比較的多い果物としてはリンゴ、ナシ、ブドウなどがあり、いず

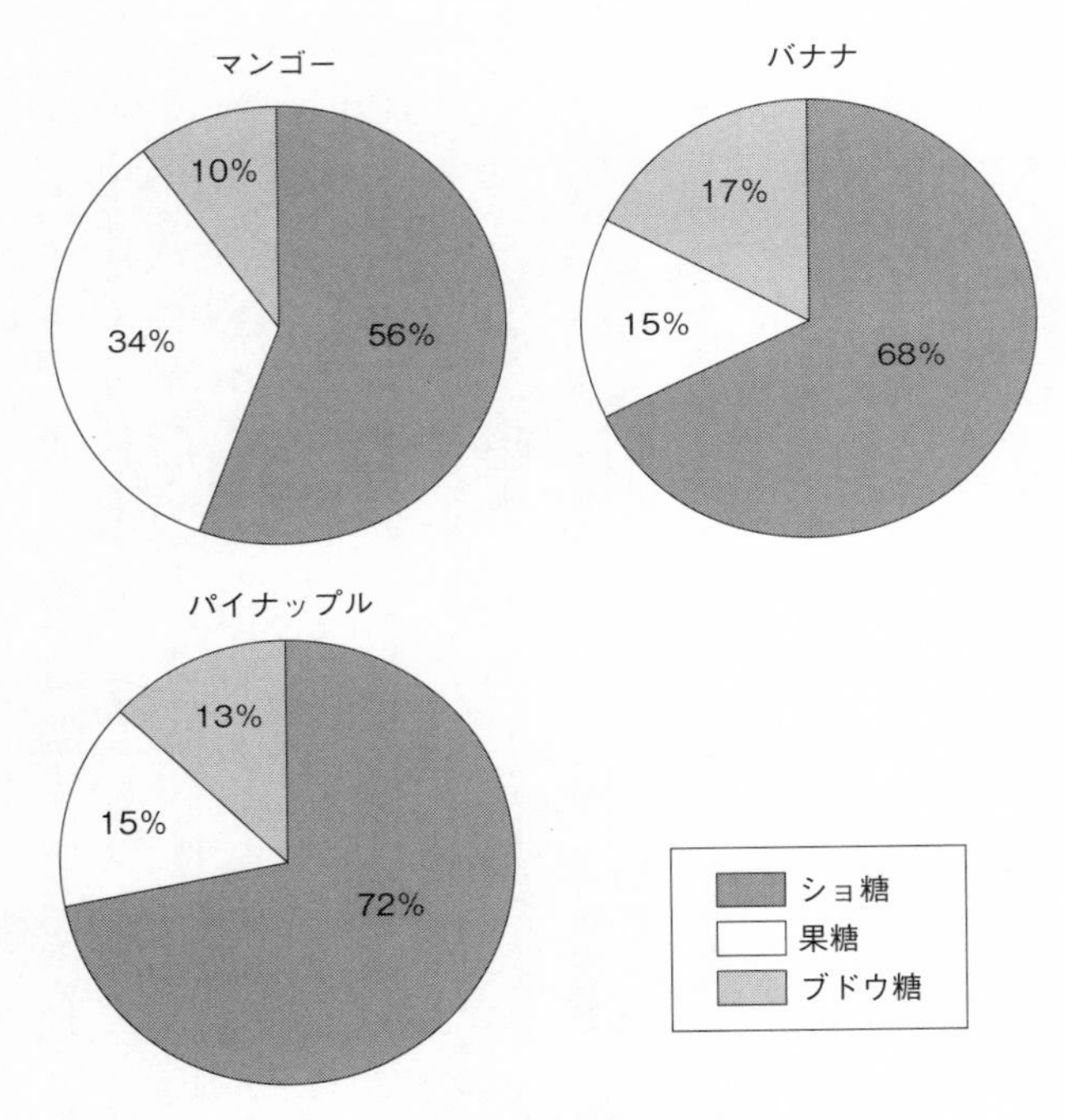

図1−1　マンゴー・バナナ・パイナップルの糖組成

れも冷やすとより甘く感じられるに違いありません。

　実際に、いろいろな果物を食べて、常温のときと冷やしたときの甘さを比較してみてはいかがでしょうか。ただし、果物の美味しさは、甘味だけでなく、酸味や香り、色なども影響するので、そのことも忘れずに味わってください。

Q2 なぜイチゴは寒い時期のほうが甘いのか？

先日、農家へイチゴを買いに行ったとき、「今も甘くなってきたけど、一番寒い２月くらいが一番甘いよ」といわれました。定期的に同じ農家から購入していますが、これまでを振り返ってみると、確かに２月が一番甘く、春になるにつれて甘みより酸味が増してくるような気がします。一般的に、イチゴの糖度は寒いほうが高くなるのでしょうか？　（一般）

イチゴは、昔は露地栽培が主流だったので、冬には食べられませんでした。今はハウス栽培が定着して一年中食べられるため、季節感があまりないかもしれません。新しい品種も次々とあらわれて、サイズや形はもちろんのこと、香りや味もバリエーションが増えています。

では、イチゴの味は何で測るのでしょうか。それは、主として甘みと酸味です。イチゴの甘みは、含まれるショ糖の濃度に依存し、イチゴの成熟した果実のショ糖含量は約８％（生重量に占める割合）です。しかし、舌が甘いと感じる度合いは、酸味の成分がどれくらい混じっているかによっても影響されるため、酸味も重要です。イチゴの場合、酸味の主成分であるアスコルビン酸（ビタミンC）は、ショ糖に比べて含量が少なく、糖の１％以下です。

果物を含む越冬性植物の多くは、秋から冬にかけての気温の低下（植物によっては日の長さが短くなることも関係しています）を感じて、冬の厳しい寒さや凍結に耐えられるような身支度をはじめます。その一つが、水に溶けやすく電気的に中性の物質を細胞の中に蓄積することです。植物は低温にさらされると、光合成をはじめ、基本的な細胞代謝のパターンの再編成がおこなわれます。中でも炭水化物の代謝は中心的な役割を果たし、その結果、主としてショ糖やブドウ糖、果糖といった甘みの成分が増加するのです。つまり、細胞の溶質濃度が高くなります。そのため、細胞液の氷点が低下して、凍結による細胞の破壊が防がれます。このような植物の対応を低温馴化(じゅんか)といいます。

一方、アスコルビン酸は、葉などの緑色の組織に多く含まれていますが、それは光合成が進行する葉緑体において、太陽光によって生じた多量の活性酸素を速やかに消去するのにアスコルビン酸が必要なためです。もし活性酸素をすばやく消去できなければ、光合成はたちまち停止してしまいます。そのため、植物は、とくに緑の組織でアスコルビン酸を多量に合成しています。イチゴの果実も若い時期は緑色で光合成をしているため、アスコルビン酸を合成していると考えられます。果実が赤くなると葉緑体はなくなり、光合成も進行しなくなりますが、その後も、果実の細胞が活性酸素などによって傷害を受けないようにするため、アスコルビン酸を残していると思われます。

ただ、甘みと酸味の違いは、気温の変化だけで決まるわけではありません。果実の成熟時期や植物の開花時期などは、積算温度（ある期間、毎日の平均温度を合計した数値）が関与していることが知られています。イチゴを収穫する時期も積算温度（℃・日）が指標とされ、一般に600℃といわれています。

もしハウス栽培で室温を20℃に保っていれば、積算温度（℃・日）が600℃になるには30日かかります。15℃にしていれば40日かかることになります。つまり、温度が高いと、甘みを主体とする美味しさの成分をじっくり蓄積できないまま、大きさだけどんどん成長してしまうことになります。逆に、温度が低いと、美味しさの成分が十分に蓄積されるので、甘みの強いイチゴになると考えられます。

Q3　ダイコンの辛さが場所によって違うのはなぜか？

ダイコンを食べるとき、大根おろしにすると辛みが感じられますが、根の先のほうと葉に近いほうでは辛さが違うといいます。辛み成分の含有量に偏りがあるのではな

いかと思いますが、なぜ違いがあるのでしょうか？（大学生）

まずは、ダイコンの辛み成分についてお話しします。

ダイコンの辛み成分は、イソチオシアネート（辛子油）といいます。イソチオシアネートは、天然に100種類以上あるといわれていて、そのうちの数種類がダイコンにも含まれています。中でも主要なものが4-メチルチオ-3-ブテニルイソチオシアネートで、大根おろしの独特の辛みは、この成分によります。ただ、ここでは単にイソチオシアネートとして話を進めます。

ダイコンをすりおろすとイソチオシアネートによる辛みを感じますが、すりおろす前のダイコンは強い辛みが感じられません。というのも、ダイコンは、すりおろされて初めてイソチオシアネートを発生するからです。

では、どのようにしてイソチオシアネートが発生するのでしょうか。

もともとダイコンの細胞に含まれるイソチオシアネートは、糖と結合したグルコシノレート（辛子油配糖体）として存在しています。しかし、この成分自体に辛みはありません。また、それとは別に、グルコシノレートをイソチオシアネートへ変化させるミロシナーゼという酵素をもっています。ところが、この酵素は維管束（維管束については後で説明します）に沿って分布するミロシン細胞の液胞内に蓄積されているので、通常は出合うことがなく、反応は最小限にとどまっています。そのため、すりおろす前のダイコンは、強い辛みがないのです。
それが、ダイコンをすりおろすことで、粉砕された組織や細胞が混ぜ合わさると、グルコシノレートとミロシナーゼが直接、接触して酵素反応が起き、イソチオシアネートが発生するのです。つまり、強い辛みが感じられるようになります。このような仕組みは、アブラナ科植物に広く認められ、ワサビやマスタードシードの辛みの発生もこの原理によります。

ここで、ご質問の本題に入りましょう。

ダイコンの部位による辛み発生の違いは、原理的には、グルコシノレートの含量とミロシナーゼの活性によって決まります。ただし、ミロシナーゼの活性は比較的十分に存在するため、グルコシノレート含量のほうがイソチオシアネート発生量を左右する傾向にあります。とはいえ、両者ともに、イソチオシアネート発生量に影響することは間違いありません。

ミロシナーゼは、ダイコンの皮のごく表面に少々と、維管束形成層付近に多く存在します。これをミロシナーゼの二重堀構造といいます。ダイコンの主根の組織は、外側から、表皮、皮層、内皮、内鞘（ないしょう）、篩部（しぶ）、維管束形成層、木部という順に構成されていて、篩部と維管束形成層と木部をまとめて維管束と呼びます。維管束は、養分を含む水や代謝物が溶けた水を通す管状の組織です。維管束形成層は、単に形成層と呼ぶこともあります。ダイコンの形成層は、ダイコンを輪切りにしたときに、外周の内側にステッチのように規則正しいシワのようなものが見える、あの部分です。

一方、グルコシノレートの分布は、モデル植物として研究が進んでいる、同じアブラナ科のシロイヌナズナを参考に推測することができます。シロイヌナズナの栄養成長組織には、S細胞というグルコシノレートを蓄積する細胞があり、これが内皮と篩部の隙間に散在しています。シロイヌナズナのミロシナーゼは、主に篩部付近に存在し、若干、表皮にも観察されます。やはり両者は重なり合っていません。

要するに、グルコシノレートとミロシナーゼは、植物の維管束に集中しているといえます。ダイコンの維管束は、縦に切ったときの白い切り口に、透明度の低い白い筋が縦に走っているのが見えますが、その部分にあたります。ポイントは、ダイコンの尻（主根の下部がすぼまった付近。根の先のほう）には、この維管束が密集しているということです。組織に占める維管束の密度が、ダイコンの中間付近に比べると明らかに高いのです。このことが、ダイコンの尻をすりおろしたときに辛みを強く感じる要因の一つと考えられます。

一方、ダイコンの頭（葉に近いほう）にも維管束の集約は見られますが、密度がさほど高くないものが多いのです。さらに、ダイコンの辛みのもとになるタイプのイソチオシアネートに関していえば、主根に多く存在し、葉には少ない傾向があります。どうやら光合成組織への分化がイソチオシアネートの発生量を抑えているようです。ダイコンの頭の部分は緑色をしているものがあり（よく出回っている宮重系の青首ダイコンは顕著です）、光合成がおこなわれていると考えられます。そのため、頭の部分は、辛みの発生が弱いのかもしれません。しかし、光合成とイソチオシアネート発生量との関連は、今後の研究が必要です。ダイコンについては十分に解明されていないことが多く、予測も含めて回答しました。

Q4 野菜は切ったりすったりしたほうが、においが強くなるのはどうしてか？

夏によく庭のミョウガを採ります。庭に生えているときはにおいがしないのに、薬味で食べるときはよい香りがします。他の野菜はどうか調べてみました。ショウガやニンニク、シソの葉、ネギなども、そのままより切ったりすったりしたほうが、においが強くなりました。図書館で野菜のにおいについて調べてみましたが、図鑑も本も見つかりません。野菜は切ったりすったりしたほうが、においが強くなるのはなぜでしょうか。（小学生）

ミョウガ、ショウガ、ニンニク、シソ、ネギ、ワサビなどの他、いわゆるハーブといわれているパセリ、コリアンダー、ローズマリーなど、葉を切ったり、もみつぶしたりするとにおいを出す植物はたくさんあります。中には、葉を切らなくてもかすかににおいを出すものもあります。

では、「におい」とは何でしょうか。それは、揮発した物質が空気と混ざり、私たちの鼻の中に入ると鼻の神経を刺激するために感じるものです。においのある植物はこのような揮発しやすい物質をもっていて、それを大きく分けると二つのタイプがあります。

一つめは、他の物質と結合していて揮発性もなく、においもしない形で、細胞内にある液胞と呼ぶ袋の中に含まれているものです。

このタイプの場合、切ったりすりつぶしたりして細胞が壊されることで、液胞内の物質と液胞外にあった酵素（分解や結合など物質の変化を助けるタンパク質）が混ざり、その酵素の働きで、においのもとになる物質が分解されて、におい物質が出てくるのです。タマネギ、ニンニク、ワサビのにおいはこの仲間です。

二つめは、こちらの方が多いタイプですが、においのある揮発する物質（主にテルペン系の精油）が、そのままの形で植物体表面や植物体内にためられているものです。そのため、葉や茎などを切らなくてもかすかなにおいがします。

例えば多くのハーブや花の香り物質は、植物体表面にある毛状突起（構造により腺細胞、腺毛などもありますが、まとめて「外分泌構造」と呼ばれています）の液胞の中に蓄えられています。また、ミョウガ、シソ、マツやヒノキのにおい物質は、植物体内の腺細胞の中や、分泌細胞が袋状になった分泌嚢（ぶんぴつのう）、管状になった分泌道の中にためられています（これらは「内分泌構造」と呼ばれています）。いずれも細胞や組織が壊されると、においの入っていた液胞や分泌嚢、分泌道もつぶれて、におい物質が一度にたくさん揮発するため、においを強く感じるのです。

ミカンやグレープフルーツの皮を、黄色いほうを外側にして折り曲げると、よい香りの液が飛び出します。これは黄色い皮の組織内に、分泌嚢の一つである「油嚢（ゆのう）」という特別な袋があって、その中に精油がためられているからです。

身近にあるいろいろな植物の葉をつぶして、においをかいでみましょう。よい香りのもの、嫌なにおいのもの、におわないものがあることがわかります。

Q５　レタスの切り口がピンクになるのはなぜか？

母が、長持ちするからと、レタスの茎の切り口に濡れたキッチンペーパーをはって

保存しています。次の日、キッチンペーパーはピンクになっていました。なぜでしょうか？（小学生）

生物のからだはたくさんの細胞が集まってできていて、その細胞内にはさらにいろいろな形の小さな袋があります。その袋類の一つである液胞には、さまざまな物質がためられていて、果物の甘さや酸っぱさのもとになる成分も入っています。非常に酸化されやすいポリフェノール物質も含まれています。

そして、液胞の外側には、細胞が生きていくために必要な酵素があり、細胞の活動を支えています。その酵素の一つにポリフェノール酸化酵素があります。レタスの茎を切ると、切り口の細胞が壊れ、液胞も破れてポリフェノール物質とポリフェノール酸化酵素が混じります。そのため、ポリフェノール物質と空気中の酸素が化合する反応（酸化）が起こります。

酸化した部分は、初めのうちは薄茶色をしていますが、タンパク質やアミノ酸などと結合して赤や茶色に変わります。レタスに含まれているポリフェノール物質の量は少ないので、薄い赤色（ピンク）になるという仕組みです。リンゴやジャガイモを切ってそのままにしておくと、やはり切り口が茶色、赤、褐色などに変わりますが、これも同じ仕組みです。リンゴの切り口を塩水につけて変色が抑えられるのは、Cl^-（塩化物イオン）がポリフェノール酸化酵素のはたらきを阻害するためです。

Q６ なぜソラマメの莢の中はふかふかになっているのか？

『そらまめくんのベッド』という本で、ソラマメの莢（さや）の中がふかふかのベッドになっているのを知りました。ソラマメを買って確かめてみたら本当でしたが、エダマメやグリンピースの莢の中にはワタのようなものはありませんでした。そこで質問です。
①なぜソラマメの莢の中はふかふかのベッドのように柔らかいのですか。
②なぜエダマメやグリンピースの莢の中にはワタのようなものが入っていなくて、ソラマメには入っているのですか。
③ふかふかのベッドは何からできているのですか。（小学生）

ソラマメの種子（一般的には「マメ」といいますが、植物学では種子、または、タネといいます）は、植物にとっていわば「赤ちゃん」の容器で、ある時期までこの中で育ちます。莢のいちばん内側の部分（内果皮）がベッドにあたり、種子を包んで保護しているのです。このベッド

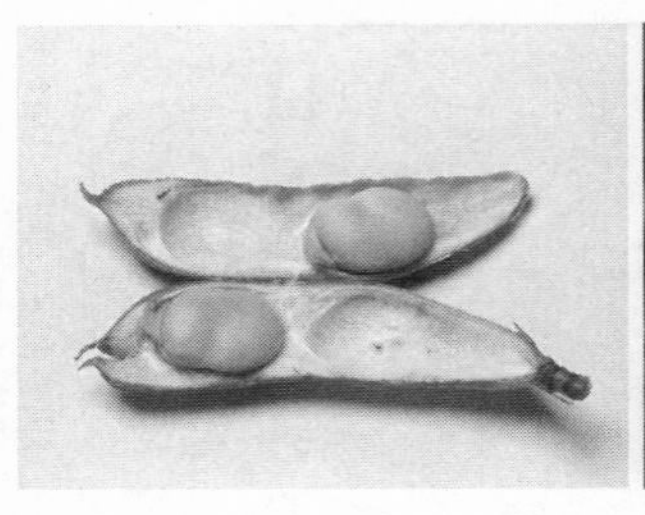

図1－2　ソラマメ（マメ科）のさやとワタ（アオイ科）の種子の毛

は、種子が幼いあいだはふわふわと柔らかいのですが、普通は種子が成長するのにしたがってどんどん固くなっていきます。その柔らかさや固くなる時期は、種子の種類によって違います。

エダマメ（ダイズ）やグリンピース（エンドウ）などは、莢や種子がまだ緑色のうちに固くなってしまいます。それに対してソラマメは、種子が大きくなって茹でて食べられるようになっても、ふかふかです。ただし、ソラマメも完熟して乾燥する頃にはベッドも固くなります。

オジギソウ、アルファルファなどの「硬実種子（こうじつしゅし）」と呼ばれる種子では、種子自身の皮（種皮）が発達して、服のように自分を保護することもあります。

エダマメなどと比べると、なぜソラマメのベッドはいつまでも柔らかいのか。これはとても難問です。これが何からできているかとか、どのようにしてできるのかについては、研究して答えが出せるのですが、「なぜか」について答えるのは簡単ではありません。

フジのように大きな種子をつくる種類のいくつかも柔らかいベッドをもっているので、種子の大きさが関係するのかもしれませんが、残念ながらそれ以上のことはお答えできません。

種子のベッドは、主に細胞を包む細胞壁の中の「セルロース」という繊維でできています。布団やクッションなどの中に詰まっているワタ（綿）もふかふかしていますが、ワタの繊維は、種子のまわりに繊維状の細長い細胞（繊維細胞）が成長してできたもので、その成分のほとんどはセルロースです。ソラマメのふかふかベッドも、ワタと同じ成分からできていることになります（図１－２）。

Q7 タマネギのタマはどのようにしてできるのか？

タマネギのタマは、どのようにしてできるのでしょうか？　また「タマネギの鱗片葉（りんぺんよう）はそれぞれ内側と外側で表皮細胞の大きさが異なる」と何かで聞いたのですが、よくわからないので教えてください。タマネギのタマの中心部の鱗片葉の細胞と、外側の茶色い皮に近い部分の鱗片葉の細胞で、大きさが異なる理由は何となくわかるのですが……。
（大学生）

図1－3　**畑のタマネギ**
（上）短日条件　（下）長日条件（収穫間近）

秋から冬にかけての昼間が短い時期、より正確にいうなら、夜の長い季節（短日条件）には、タマネギは緑色の葉の部分（葉身）がネギ（長ネギ）のように伸びています。タマになる白い部分（葉鞘の基部）も、その細胞が縦方向に伸長しているため、長ネギと同じような形をしています。その頃のタマネギを畑で見るとよくわかるのですが、初めて見たら、とてもタマネギだとは思えないでしょう（図1－3上）。やがて春になり、昼間が長くなって夜が短くなる（長日条件）と、新しくできた葉の葉身

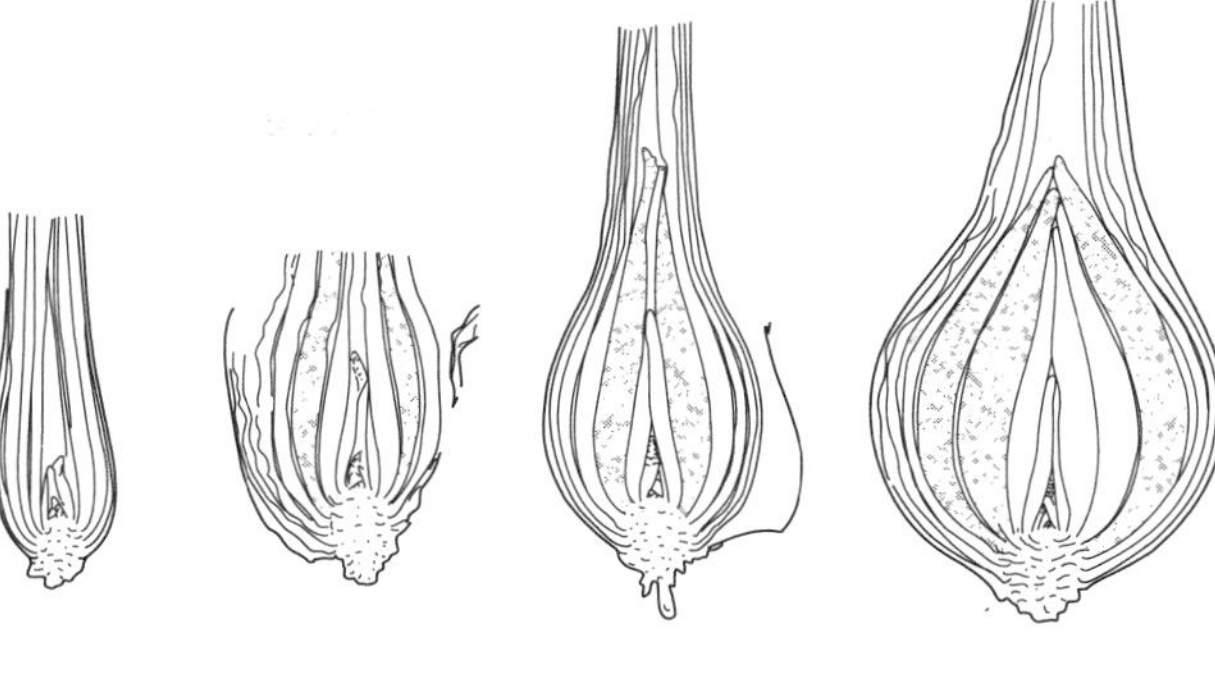

図1－4　タマネギの鱗片葉が発達する様子

部分が伸長しなくなります（図１－３下）。

　葉身の伸長しない葉を鱗片葉と呼びますが、この鱗片葉の細胞と葉鞘基部の細胞とが肥大することで、タマが形成されるのです（図１－４）。

　タマの形成には数枚の鱗片葉が関与していますが、どの鱗片葉の肥大がタマ形成に貢献したのかは、市販のタマネギを縦切りにした切り口を観察すると確かめられます。

　次に、もう一つの質問の「タマネギの鱗片葉の内側の表皮細胞と外側の表皮細胞の大きさが異なるのはなぜか」についてです。

　タマネギの鱗片葉にも普通の葉と同じように、両面に表皮細胞があります。前述のようにタマネギのタマは、鱗片葉の細胞の体積が増えることでふくらんでいきます。このとき、表皮細胞以外の細胞と内側の表皮細胞では細胞分裂が起こらず、細胞の数が増加しません。それに対して外側の表皮細胞だけは、細胞分裂をして数を増やしていきます。そのため、タマネギの鱗片葉の外側の表皮では内側の表皮より細胞数が多くなる一方、個々の細胞の体積は小さくなります。

ところで、鱗片葉の内側の表皮の細胞は体積増大も分裂もしないのに、それに隣接している内側の細胞は体積が増大するし、他の細胞も体積が増大するのですから、普通に考えると鱗片葉の内側の表皮ははがれてしまうはずです。それがなぜはがれないのでしょうか。

実は、より内側にある鱗片葉がふくらむことによって、実質的にははがれてしまっている内側の表皮を、内部の組織に押し付けているので、かろうじてくっついています。タマネギの内側の表皮を簡単にはがすことができるのはそのためです。また、内側の表皮細胞は隣接する鱗片葉に押されて引き伸ばされるために、表面積が大きくなっているのです。

Q8 なぜカキは実がたくさんなる年とならない年があるのか?

カキは、実がたくさんなる年とならない年が交互にくることはよく知られています。専門の農家では、毎年剪定して新しい枝を伸ばし、また、実の数を調整して収量の安定化を図っています。実がたくさんなる年とならない年は、相当に距離が離れた地域でも同調しているように思われます。そこで質問したいのは、次の二点です。
①このような現象はどうして起きるのでしょうか（とくにカキ）。
②この現象は、距離が離れた地域でも同調しているのでしょうか。同調しているなら、それはなぜでしょうか。（会社員）

果樹が一年ごとに豊作と不作を繰り返す現象を「隔年結果」といいます。豊作の年を「なり年」や「表作」、不作の年を「不なり年」や「裏作」ともいいます。日本ではカキ、ミカン、リンゴなどで、毎年安定した収量を確保する観点から多くの研究がなされています。それらの結果をもとに答えます。

①隔年結果はどうして起きるのか。

隔年結果は、受粉から果実の成熟までの期間が長く、果実の成長中に翌年の花芽形成が起きる果樹によく見られる現象です。よく考えるとたいへん面白く、不思議な現象です。

一般的に、果樹では、ある枝の果実が成長をはじめると、同じ枝につく翌年の花芽の形成が抑制される傾向にあります。そのため、ある年にたくさんの果実がつくと、翌年の花芽の形成が減少し、結果的に収量が減るとされています。その原因はいくつか指摘されています。

一つは養分配分の問題です。光合成でつくられた養分（光合成産物）は、果実の成長や翌年の花芽形成に使われます。果実がたくさんつきすぎると、養分は果実の成長に多く使われてしまい、翌年の花芽形成のための養分が足りなくなって、花芽形成が抑えられるというわけです。

そしてもう一つは、植物ホルモンの関与です。果実の成長にともない、種子には、花芽の形成に影響する植物ホルモンのジベレリンやアブシシン酸が蓄積していきます。種子に蓄積した多量の植物ホルモンは、やがて枝に移行していきます。したがって、たくさんの果実がつくと、枝の植物ホルモンの濃度バランスが変わるため、花芽形成が影響を受けると推定されます。また、オリーブなどでは、果実成長の影響で枝にフェノール性物質が蓄積し、それが花芽形成を抑制するとの報告もあります。

こうしたことから、果実の栽培農家では、毎年一定の収量がえられるように果実がつくように、果実がまだ幼い時点で間引いたり（摘果）、枝を切り取ったり（剪定）するなどの手入れをしています。

②隔年結果はなぜ広い地域で同調するのか。
ここまでの説明は、個体レベルではたしかに当てはまります。もし個々の果樹の隔年結果がランダムに起きれば、果樹園全体、地域、地方全体としては安定した収量が得られるはずで、それ

なら摘果や剪定の手間が少なくてすむでしょう。しかし、実際の隔年結果は果樹園全体、さらにはかなり広い地域、地方全体でも起こり、「なり年」や「不なり年」が同調する現象はよく見られます。なぜ個々の果樹の「なり年」は同調するのでしょうか。

この同調現象には、まず環境の影響が考えられます。ある年の花芽形成時期や開花時期に、異常な高温や低温、乾燥、日照不足などが起きたためとすれば説明できます。例えば花芽が寒さでダメになってしまったり、花が咲いても、その時期に天候不順で受粉がうまくいかなかったりすれば、結実量が減ります。果実がつかなければ、それだけ養分を使う量が減るので、翌年の花の数や果実の量はぐっと増えることになっても不思議ではありません。そして、結実量が増えた次の年は、果樹も疲れているため、花の数や果実の量がまた減ってしまうことになります。

それでもなお疑問は残ります。隔年結果は種や品種によって、その程度が大きく違ったり、若い果樹では起こりにくいが成熟した果樹で起こりやすかったりします。また、ある種のナシでは「なり年」の次の二年間は「不なり年」で、三年目に「なり年」となったり、ナラ、カシなどのドングリ類では数年おきに「なり年」になったりします。そうした現象は、現在、明らかになっている生理学的説明だけでは不十分なため、まだ解明されていない問題の一つといえます。

第2章

花

きれいな花に隠された植物の生きざま

Q9 野生のスミレは、花を咲かせずに種子をつけることがあるのか？

野生のスミレを鉢に植えていたところ、花は咲かなかったのに種子をつけていることに気づきました。そのようなことはあるのでしょうか？ もしあるとすれば、どのようなときに起きるのでしょうか？ （一般）

春に咲く花は、花弁（花びら）が大きく、色もきれいで目立つため、「春の花」と思われるかもしれません。しかし、そうとは限りません。

スミレの仲間も春の花だと思われがちですが、実は一年中、花を咲かせるものが大半で、春が終わって初夏になっても、夏になっても、花をつけ続けています。ただ、春を除いた時期は、花弁が大きくならず、萼（がく）も比較的、小さいままです（図2－1右）。そのため、萼がついているだけで花は咲いていないかのように見えますが、中を開いてみると、雌しべも、花粉もできていることがわかります。

このような花を「閉鎖花」といいます。閉鎖花は、虫に頼ることなく、自分自身の花粉で自分自身の雌しべに受粉して種子をつける「自家受粉」の花です。花弁や蜜をつくるとコストがかかって体力を消耗するので、そのプロセスを省略し、その分どんどん種子をつくって増やしている

図2－1　スミレの開放花（左）と閉鎖花（右）

のです。

一方、春に咲く花は、花弁を目立たせたり、距（萼や花弁の付け根にある突起部分）と呼ばれる蜜をためる器官をつくることで、蜜の好きな昆虫を呼び込み、花粉を運んでもらって、他の花と花粉を交換するという仕組みができています。このことを「他家受粉」といいます。

受粉の方法は異なりますが、どちらにもメリットはあります。初夏以降につくる閉鎖花は、自分の遺伝子しか使えない代わりに、確実に種子をつくることができます。春の花は、コストがかかる代わりに、自分とは異なる遺伝子を受け入れた種子をつくって次世代に伝えることができます。スミレは季節によって受粉の方法を変え、どちらの方法も取り入れることで繁殖を有利に進めてきたというわけです。

スミレの他にも、閉鎖花をつける植物はたくさんあります。ぜひ図鑑などで調べてみてください。そして、野生のスミレに目をとめたように、野外でも確かめてみましょう。

Q10 イネの花は、なぜ穂の上から下へと順番に咲くのか？

イネが開花するときは、一般的に、穂の上のほうから下へと次々に咲いていくことを知りました。なぜ花はいっせいに咲かず、順番に咲くのでしょうか？（中学生）

確かに、イネの穂に咲く花は、いっせいに開花せず、1週間くらいかけて開花を完了させます。品種にもよりますが、最終的には、一つの穂に100個くらいの花がつくられることになります。イネの花が上方から順番に咲いていく理由は、この穂をつくっていく過程に深く関係しています。

イネは、穂ができはじめるまでの期間は頂端分裂組織（茎葉部〈シュート〉や根の先端にある分裂組織。一般的には「成長点」ともいいます）が葉や茎をつくって成長していき、日の長さや温度などの変化を感知すると、この頂端分裂組織が葉と茎の代わりに花芽をつくるように変わります。これにより、穂が形成されていき、徐々に上へと伸びていきます。

　このとき、穂が枝分かれしますが、枝分かれは上から順番に進み、最終的には10本くらいの枝分かれが形成されます。一番上と一番下の枝分かれでは、形成時期の差が4～5日ほどあるでしょうか。花に関しても、まず枝分かれの中で一番先端（一番上）に花が形成され、その後、順次、下方の花が形成されていくことになるため、花の成長においても数日ほどの差があります。つまり、一つの穂の中で、開花するまでの成長の差が1週間ほどあると考えられるのです。

　一つの穂だけを考えてもこれほどの差があるので、一個体中の数本の穂や、別々の個体の間での差を考えると、田全体のイネが開花し終わるまでには1週間以上の差ができている可能性があります。

　このようにイネの花は上から下へと順番に咲いていくのですが、この仕組みにはメリットがあると考えられます。

　2018年の夏、本州以南ではとても暑く、北海道などでは逆に涼しい時期がありましたが、このような極端な高温や低温の条件下では、イネの花粉が障害を受けて、最終的に実る種子の数が減少してしまうことが知られています。冷害や高温障害と呼ばれる被害です。イネの花粉は特定の生育時期に温度ストレスの影響を受けやすいのですが、先に述べたように、イネの花はいっせいに形成されるわけではないので、たとえ温度ストレスを受けたとしても、それが短期間であれば穂の花が全滅することはなく、子孫を確保できるわけです。これは、イネの生存戦略の一つと考えることができます。

生き物のさまざまな現象には、その背景にそれぞれの理由が存在しているものなので、ご質問のような疑問をもつことはとても大切なことだと思います。これからも、大いに疑問をもち、考えたり調べたり聞いたりしてください。

Q11 東北や北海道では、ウメとサクラがほぼ同時期に咲く。それはなぜか？

本州ではウメは2月、サクラは4月はじめに咲きますが、北海道・札幌ではサクラは5月はじめ、ウメは5月中旬に咲き、福島県などではウメとサクラがほぼ同時に開花するようです。この違いは、どのような開花の仕組みによるものなのでしょうか？

（教員）

「Im wunderschönen Monat Mai（すばらしく美しい5月に）」ではじまる、19世紀のドイツの詩人、ハイネの詩があります。ヨーロッパの多くの地域では、5月に春がやってきて、さまざまな花がいっせいに咲き、木々が芽吹きます。札幌はミュンヘンと緯度が近く、やはり春の盛りは5月です。

植物は、一年を通して、生育場所のさまざまな環境要因による影響から逃れることはできませんが、その生育環境にうまく適応しています。特に、四季のある地域の植物は、季節の変化に応じて種子の発芽、芽吹き、花芽形成、開花、落葉などの過程を進行させています。さまざまな環境の変化を感受して、こうした過程を制御しているのです。

植物に限らず動物も含め、生物の諸現象と気象・気候との関係を調べる研究分野を「フェノロジー（phenology）：生物季節（学）」といいます。サクラやウメの開花時期と気象・気候との関係も、フェノロジーの調査で探っています。

植物にとって、花芽形成と開花は、種子の生産につながる繁殖のための重要な過程です。そのため、もっとも効果的におこなわれるよう、遺伝的にプログラムされています。サクラなどの春に開花する樹木は、だいたい前年の夏の終わりには花芽が形成され、ウメは7月末から8月はじめにかけて花芽の形成が完成します。その後、休眠に入って冬を越し、気温が上昇して春になると、休眠が破れて開花に至るのです。

もともと日本のように四季のある自然環境に生育する樹木は、通常、夏の終わりまでに花芽の形成を終えます。そして、秋の気温低下とともに花芽の成長が止まって休眠に入り、冬の低温期間はそのままの状態を続けます。

しかし、この低温の期間は、形態的な芽の成長こそありませんが、芽の中で植物ホルモンなどの変化が起こり、春先の気温上昇に反応して成長をはじめるための準備期間です。したがって、この期間に低い温度が続くことも重要です。実際に、ある地域のソメイヨシノについて、2月下旬から3月の平均気温が高かった年のなかで、2月の平均気温が低かった年では開花が早まったものの、高かった年では早期開花が起きなかったと報告されています。

このように、気温の上昇だけが開花の時期を決めるわけではありません。

ウメはサクラに比べて休眠期間が短いため、一般的にサクラより早い時期に咲きます。ただし、ウメには早咲き品種と遅咲き品種があります。ウメの名所である茨城県水戸市の偕楽園では、早咲きの初雁（はつかり）は12月中旬~1月中旬、八重寒紅（やえかんこう）は12月下旬~2月上旬に咲きます。一方、遅咲きの白加賀（しろかが）は3月上旬~下旬、豊後（ぶんご）は3月中旬~4月上旬でないと咲きません。

もちろん、生育する場所が変われば開花時期が異なります。例えば、遅咲き品種である豊後の開花は、宮崎県なら1月下旬~2月上旬ですが、北海道では5月上旬~中旬です。

サクラにも、秋に咲くジュウガツザクラや冬に咲くカンザクラがありますし、突然変異や交配によって開花時期の異なる品種もあります。

ご質問にある札幌でのサクラはソメイヨシノだと思いますが、北海道でのソメイヨシノは西部が北限でしょう。それ以外では、寒さに強いタカネザクラ、エゾヤマザクラ、ミヤマザクラ、カスミザクラ、チシマザクラなどです。そして、北海道でのウメは、やはり寒冷地に適応していて寒さに強く、遅咲き品種の白加賀や豊後などでしょう。

札幌でウメとサクラが同時に咲くのは、それらが要求する低温休眠期間の違い、気温上昇の変化の度合いなどが、両者にとってちょうど重なっているからかもしれません。

Q12 萼片の枚数が決まっていない植物があるが、なぜ枚数が一定していないのか？

キンポウゲ科などの植物は、花びらがなく、花びらに見えるのは萼(がく)ですが、その萼は自生種だと隣同士の株でも枚数が違っていることがあります。図鑑などにも一定でないものが多く載っています。

例えば、萼が保護と誘引の両方の役割をしている種のほうが、枚数が一定しない、などということはあるのでしょうか。「変化しやすい種」と「変化しにくい種」があるのでしょうか。また、それは環境や遺伝的な要素が働いて変化が起こるものなのでしょうか。（主婦）

図2－2　萼片の枚数が一定でない例（ニリンソウ）

ご質問にあるように、キンポウゲ科のオウレン属などは、花弁があるべき場所に花弁状のものがないか、あるいは蜜腺になっていて、その代わりに萼（萼片）が花弁状に色付いていることが多いでしょう。ただ、同じキンポウゲ科でも、フクジュソウやキンポウゲなどは、しかるべき場所に花弁をもっています。このグループは、花弁の性質が多様な科にあたります（図2－2）。

さて、萼片や花弁の数の問題を考えてみます。花器官は葉を基本形とした器官と推定されています。葉はもともと茎のまわりにらせん状に並ぶ器官です。こうした葉と茎の集合体がシュート（Q10）で、花はシュートが特殊化したものです。

比較的、原始的な性質をもつ植物は、萼片や花弁などの花器官がらせん状に並ぶ性質を残していることが多く、また、その数が厳密には決まっていないことが多いのです。キンポウゲ科だけでなく、例えば、モクレン科もそうです。花弁や雄しべもですが、雌しべすら数が一定していません。

一方、花としての特殊化が進んだ植物、例えばアサガオなら、萼片は5枚、花弁も5枚と決まった数、しかも、らせん状ではなく、それぞれ同心円状に並んでいます。花がもっとも特殊化したグループの一つであるラン科の花の場合も、萼片が3枚、花弁が3枚、それぞれ同心円状に並んでいます。花は、キンポウゲやモクレンのようなタイプから、こういう厳密な形に特殊化する傾向があったと考えられています。

そこで、一本の枝につく葉の数を考えてみます。葉の数は、植物の栄養状態や個性（遺伝的な違い）によって、同じではありません。モクレン科やキンポウゲ科の一部のような花の場合は、花器官がらせん状につく性質を残しています。つまり、葉としての性質を残している、あるいはシュートの性質を残しているために、数が一定しないと考えてもいいかと思います。

いずれにしても、こうした植物ごとの個性は、遺伝的に決まっているものと考えることができます。萼片の数が正確に決まっている植物の場合は、そのように厳密なプログラムが遺伝子に書き込まれていて、数がふらつく植物の場合は、許容範囲の広いプログラムが遺伝子に書き込まれているわけです。そして、そういう場合は、環境に応じて必要な遺伝子が調節され、その結果、萼片の数が決まるということになります。

Q13 トマトの花が予想通りに咲かないことがあるのはなぜか？

トマトの花は、通常、葉が3枚展開してまた花がつく「花、葉、葉、葉、花」という形をとりますが、栽培していると「花、葉、花」となったり、「花、花」となって葉がなくなってしまうことがあります。どうしてこのようになってしまうのでしょうか？　植物体内で何らかのバランスが崩れたのかと思うのですが、どういう理由で起きるのかがわかれば、管理に役立つのではないかと思い質問しました。（会社員）

トマトについてのご質問ですが、まず、一般論からお答えします。

植物の茎の先端部分には、新しい細胞が増えていく分裂組織（シュート頂分裂組織、茎頂分裂組織）があります。茎頂では通常、将来は葉となる葉原基（ようげんき）が形成されていて、茎が伸びていくにしたがって、この葉原基は葉へと成長していきます。しかし、ある化学的信号が体内でつくられると、栄養成長から生殖成長に切り換わり、葉原基分化が花原基分化に切り換わります。この信号は「フロリゲン」と呼ばれています。

ここで、フロリゲンについて簡単に説明をしておきます。フロリゲンは、葉で最適な日長（一日の昼夜の長さ）を認識したときに葉で合成され、茎の先端まで運ばれて花芽形成を開始させるスイッチとして働きます。栄養成長から生殖成長への切り換えを「花成（かせい）」といいますが、フロリゲンは花成に関わっているのです。その正体は*FT*と呼ばれる遺伝子にコードされたタンパク質です。葉から茎の先端に運ばれたＦＴが他のタンパク質と合体し、細胞の核内で機能的な複合体をつくってＤＮＡ上で結合し、花芽をつくるために必要な遺伝子を活性化させるのです。

日長によって花芽形成が決まる植物は多くありますが、一般に栽培されているトマトの花芽形成は日長に影響されないので、中性植物と呼ばれています。

さて、植物は茎頂が花芽になると、その頂芽は成長を終えることになります。そのため、もし分枝のない主軸１本の植物で茎頂に花芽ができると、その植物は一生を終えることになるわけで

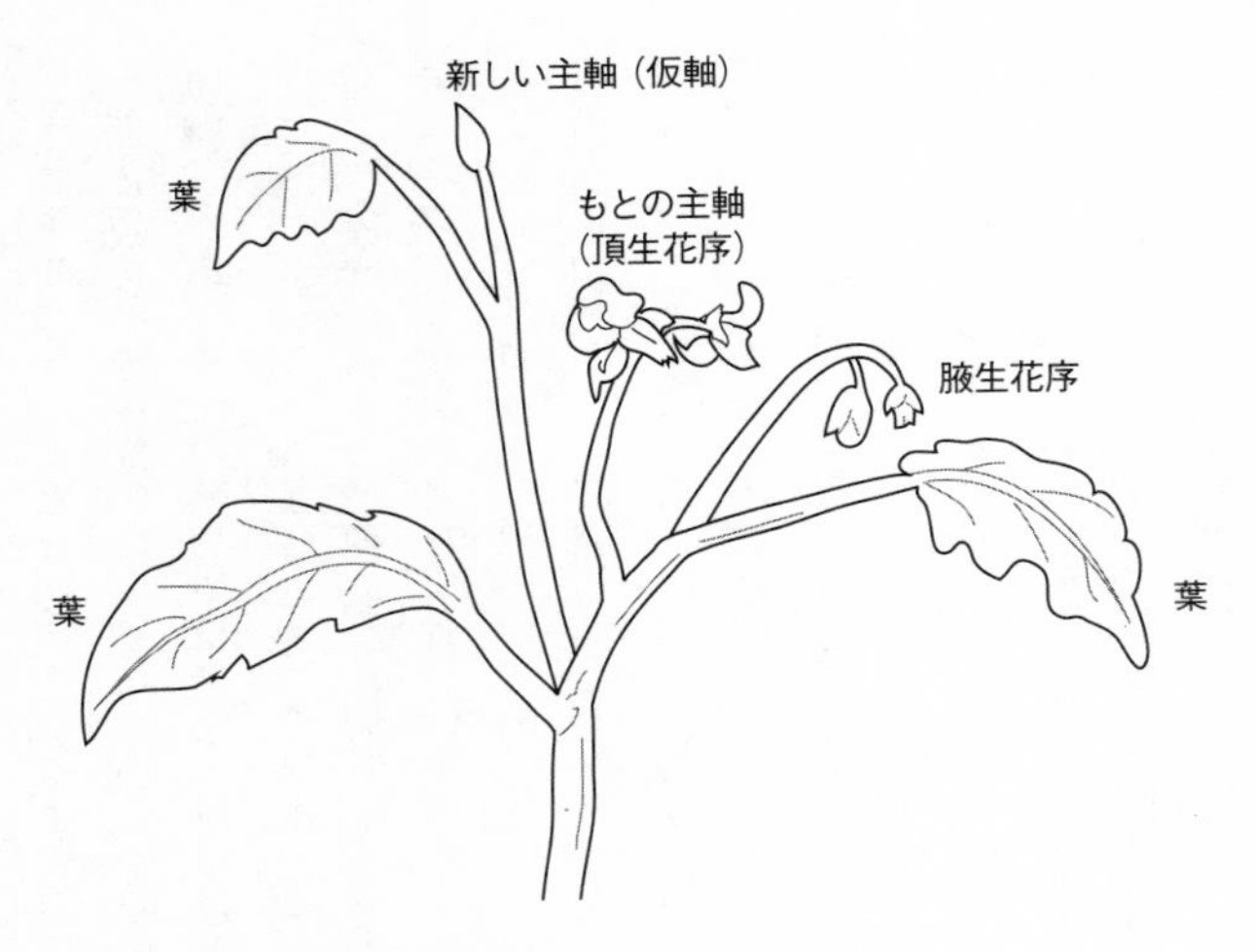

図2－3　トマトの仮軸分枝

す。しかし、多くの植物では、葉の基部の上側（葉腋）に側芽ができて、これが花になったり、枝（副軸）になったりします。主軸も副軸も継続して大きくなっていく場合を、単軸分枝と呼びます。トマトの場合は異なっていて、主軸の茎頂で花芽形成が起きると、そこで頂芽の成長は終わりますが、花芽の側に既にできている腋芽（えきが）が主軸の代わりとなって伸びていきます（図2－3）。このような分枝の仕方を仮軸分枝といいます。

ご質問に戻って、トマトでは仮軸に葉が何枚ついたら花芽形成が起きるか、ということですが、もしトマトを完全に制御された定常的な生育条件下に置いたら、つまり、温度、光量、光質、栄養、水分などを一定にして栽培したら、おそらく一定の周期で花芽形成が起きるでしょう。遺伝的に、ある成長段階になると花芽形成の条件が整うのだと思います。

しかし、植物の体内の生理的状況（例えば、ホルモンのバランスなど）は、これらの条件の変化によって著しく影響を受けてしまうのが普通です。トマトの花房の先端に葉ができてしまう現象はしばしば起きるようですが、これは窒素過多が原因ともいわれています。ご質問者が栽培されているトマトで、花芽形成のパターンに異常が起きる原因を特定するのは困難ですが、先に挙げた諸条件が関係しているのではないかと推測されます。

Q14 葉の一部が花に変わっているチューリップを見つけた。どのような原因で起きるのか？

チューリップの葉の一部が、花弁に変化しているのを見つけました。葉の根元あたりから半分が、明らかに花弁に変化しています。切り取ってくっつけたように見えるキメラ状なので、その部分から先の遺伝子が変化しているのだろうと思いました。

生物の授業でＡＢＣモデルは扱っており、実際に花の中で、雄ずい（雄しべ）や萼

図2－4　葉と花被片がキメラ状にみえるチューリップ
花被的部分（a）と葉的部分（b）。

が花弁化したものを見たことはあります。葉から花に変化しているのは初めて見たので、遺伝子的にどのような原因でこうなるのかを知りたいです。（教員）

まず、ご質問のチューリップと同じようなケースがないか調べてみました。すると、花の下の茎に、一部が花被片（チューリップの場合、萼片と花弁の形態的な区別がないので、両方をまとめてこのように呼びます）に変化した葉のような構造の画像と記述がいくつか見つかりました。いずれも、ほぼ半分ほどが花被片様に色付いており、残る半分は葉のように見えます（図2

－４）。

２００年以上前に遡りますが、詩人・作家として知られるドイツのゲーテは、植物などに造詣が深い自然科学者でもあり、花を構成する諸器官は葉が変形（メタモルフォーゼ）したものであるという見方を広めました。著書の『植物のメタモルフォーゼ試論』（１７９０年）では、葉が萼片という状態を超えて花弁の状態に近づいてしまった例として、自身が観察したチューリップを描いています。ゲーテは、自説を支持する観察例の一つとして注目し、これを取り上げたことがうかがえます。

ご質問者が見つけたチューリップは、そうした例と同様のものと思われます。実際に調べてみると、ゲーテが描いた絵の例を含め、予想以上に数多くの報告があることに少し驚きました。

このような例が生じる「遺伝的な原因」を断定的に説明するのは難しいですが、次の２つのポイントから回答します。

①葉から花の器官への転換は容易ではない

ご質問にも書かれていますが、花を構成する器官の間の転換、例えば、雄しべから花弁への転換や、花の器官の葉状化は頻繁に見られる現象で、ゲーテの説や高校の生物学でも教えられるＡＢＣモデルのもとになりました。

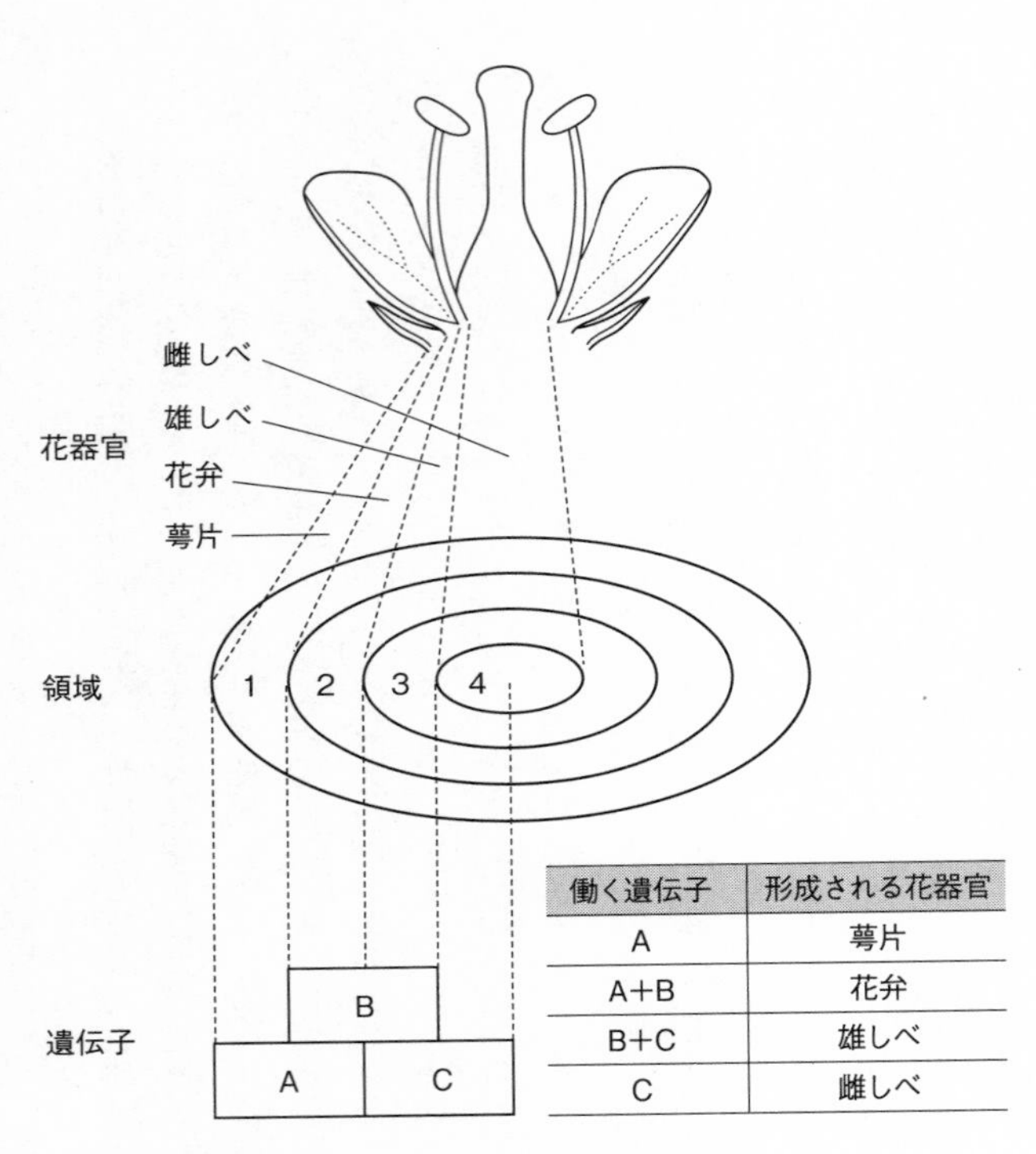

働く遺伝子	形成される花器官
A	萼片
A+B	花弁
B+C	雄しべ
C	雌しべ

図2－5　ABCモデル

ちなみに、ABCモデルとは、被子植物の花形成を説明するモデルのことをいいます。このモデルでは、花を構成する4種類の器官（萼、花弁、雄しべ、雌しべ）への分化が3種類の遺伝子A・B・Cの発現の組み合わせで調節されると説明しています（図2－5）。

このABCモデルが提唱された後、シロイヌナズナの実験で、A機能、B機能、C機能に対応する3種類の遺伝子をすべて欠損させると、花の全器官が葉に転換することが明快に示されました。これは、花を構成する諸器官は葉が変形したものであることを、極めて雄弁に支持する画期的な実験でした。

しかし、この逆の実験、例えば「葉でA機能とB機能に対応する遺伝子を発現させることで、葉を花弁化する」というような実験はなかなかうまくいきませんでした。

つまり、花弁でA機能とB機能の遺伝子の働きが損なわれれば葉への転換が起こりますが、葉でA機能とB機能の遺伝子を働かせても花弁への転換は起こらないことがわかったのです。このことから、花においては、葉では働いていないA機能、B機能、C機能とは別の遺伝子が存在し、A機能、B機能、C機能の遺伝子の働きを助けていることが予想されました。そして、*SEPALLATA*（*SEP*）と名付けられた遺伝子がそのような遺伝子に当たることが示されたのです。実際、葉において、*AP1*（A機能）、*AP3*と*PI*（B機能）、*SEP2*と*SEP3*の合計5種類の遺伝子を働かせると、葉は完全な花弁に転換することが示されています。

また、それぞれの遺伝子から転写・翻訳されてできるタンパク質が複合体を形成し、この複合体が花弁の形成に関わる遺伝子の転写を調節すると考えられます。

このように、葉を花弁化することは実験的には可能ですが、容易ではありません。葉の細胞で、特定の数種類の遺伝子が間違って発現してしまい、正しい複合体がつくられることはかなり起こりにくいからです。ご質問のチューリップの例は、極めて稀なものではなく、比較的、頻繁に見つかるもののようなので、葉の花被片化ではないように思います。

②チューリップの例は、花被片から葉（あるいは萼片）への転換ではないか？

検索して見つけた先述の画像やゲーテの絵をもう一度見てみると、いずれの場合も、通常は葉を生じない茎の高い位置に、問題の「花被片／葉」を生じています。このことと①をあわせて考えると、花被片の一部が、葉あるいは（チューリップにはない）萼片の状態に転換したのではないか、と推察できます。B機能に当たる遺伝子の発現の変化のみでも生じる可能性がある転換だからです。

それでも、いくつかの疑問が残ります。

一つめは、花被片の一部が葉に転換したものであるとすれば、正常な花被片の数が減っている（一重咲きの場合なら5枚になる）ことが予想されますが、検索した画像の例では、必ずしもそうなっていません。一方、ゲーテが描いた絵は、そうなっているように見えます。

二つめは、検索した画像の例では、「花被片／葉」の付いている位置が、他の花被片の付く位置よりも下になっていますが、なぜそうなるのかが説明できません。ゲーテが描いた例では、花被片様の部分が付く位置と葉状の部分の付く位置が上下にずれ、付け根側が2つの部分に引き裂かれています。これは説明がさらに難しくなります。

このように、花被片の一部が、葉あるいは（チューリップにはない）萼片の状態に転換したのではないか、という見方にも難があります。

お答えよりも疑問のほうが多い回答になってしまいましたが、やさしい問題ではないことをお伝えできたのではないかと思います。今後の研究にも期待します。

第3章

葉

色、形、数にはワケがある

Q15 葉の縁のギザギザには、どのような役割があるのか？

植物の葉には、縁がギザギザの構造になった鋸歯（きょし）を持つものもありますが、鋸歯はどのような役割をするのでしょうか。光合成の効率を上げるためという回答をよく目にしますが、それ以外にも役割はありますか？（会社員）

これは非常に難問です。

鋸歯（図3－1）を持つ意義としては、葉面境界層を薄くすることが挙げられます。葉面境界層とは、葉の真上に存在する空気のよどみのことです。鋸歯があると空気の渦ができるため、この空気のよどみがかき混ぜられることになり、平均境界層は薄くなります。それにともない、光合成速度は上昇し、蒸散速度も上昇します。したがって、効率よく光合成生産をおこなうには、鋸歯は都合のいい性質といえるでしょう。一方、鋸歯を持つ葉は、ちぎれやすいといった力学的観点における問題があります。これらを勘案すると、短期間で光合成生産をおこなう落葉樹の葉は、鋸歯を持つと有利であるといえるかもしれません。

ただ、ごく近縁種の間でも、鋸歯の形が異なっていることがあります。例えば、片方の種類は単純なギザギザの鋸歯、その近縁種は二重の鋸歯（重鋸歯といいます）を持っている、というこ

図3－1　鋸歯を持つ葉の例
ソメイヨシノの鋸歯（左）とヤエヤマブキの重鋸歯（右）。

とから見分けることができたりします。それでいて、両種の間で生えている場所がほとんど変わらない、混生している、ということもよくあります。そのようなさまざまな例を見ていると、鋸歯の形を種ごとに頑なに守っている理由は、環境適応が理由とは思えません。

ところが、実は、鋸歯の有無と年平均気温とは関係があることが知られています。化石の研究者の間では古くから知られている法則で、年平均気温が高いほど、その地域に生える植物の中で鋸歯が目立つものの比率が低くなる、というものです。実際に現生の生態系でも、この法則がよく当てはまることが確認されており、化石が生まれた頃の年平均気温を推定するデータの一つとして使われるほどです。その理由は不明ですが、よい指標であることは確かです。

そういうことで、古くから、葉の表面の温度を保つのに（冷えすぎないように、あるいは熱しすぎないように）、鋸歯が何らかの形で関わっているという解釈がされてきました。しかし、それにしては鋸歯の効果は微弱です。また、先述したように同じ土地に生えていながら、鋸歯の有無に共通性のないケースも見られます。

また、鋸歯の先端にはしばしば水孔（すいこう）というものが生じて、植物体内の維管束を通る余剰な水分を放出するのに使われます。この水孔がどれだけ必要であるか、ということも大事な要素だという解釈もあります。これも関係はありそうですが、それだけとは考え難い面があります。

さらに、シロイヌナズナを使った研究から、鋸歯は植物ホルモンのオーキシンの働きでつくられること、最初のうちはギザギザがはっきりしているものの、その後の成長で次第に滑らかになったり、さらに目立つようになったりすることがわかっています。

そんなことから、鋸歯の形の多様性というものは、それ自身の形の多様性が大事ではないのかもしれないと思われます。むしろ、鋸歯形成に関わるオーキシンなどのさまざまな因子が、植物のからだの他の部分でどれだけ必要かに応じて、それに引きずられて、ついでに形が変わっているという面もあるのではないかと思われます。

一般論として、生き物のからだの形は、必ずしも必然性からそうなっているとは限らず、特に良くも悪くもないので、とりあえずそういう形をとっている、という事例が多々あると考えられています。

鋸歯も、ある程度は環境に対する適応や役割を持っていると思いますが、細かな種間の差異に関しては、あまり特別な理由がないのかもしれません。

今後、研究が進み、この謎が解けることを期待しています。

Q16 葉を乾燥させると、表面を内側にしてクルッと巻くのはなぜか？

道端で拾ってきた葉をいろいろな条件で乾燥させて、どのような経時変化があるかを観察しました。数日間、乾燥させた葉は、表を内側にクルッと巻いた状態になりました。なぜこのようになるのでしょうか。

葉の表と裏で細胞の構造が違うのだと思いますが、一般的な書籍には、葉の表と裏では葉緑体の濃さが違うという記述を見つけたのみで、疑問の答えになるようなことは見つけられませんでした。乾燥によって、水分のより多い表側の細胞が裏側の細胞より小さくなった、と考えました。細胞壁の構造などの違いが影響していると思いますが、どうなのでしょうか。実験に用いた植物を図鑑で調べると、マメ科のアレチヌスビトハギ（ひっつきむし）のようです。（一般）

確かに、葉を乾燥させると、表面を内側にして巻く理由について説明している本は見当たらないかもしれません。そこで、庭や畑、路傍の木や草で、枯れ葉や落ち葉がどのようになっているかを観察してみました。すると、植物によって、葉の表面を内側にして巻くもの、巻かないもの、葉の裏面を内側にして巻くもの、葉がねじれるようになるもの、という4種類の葉がありました。近くにあった植物を観察しただけで、系統的に選んで調べたわけではありませんが、例としてまとめると、次のようになります。

①葉の表面を内側にして巻くもの：ナス、トマトの小葉、トウガラシ、サトイモ、オクラ、シソ、スイフヨウ、ドクダミ、ケヤキ
②巻かないもの：ウバメガシ、アラカシ、シャリンバイ、タブノキ、オリーブ
③葉の裏面を内側にして巻くもの：ツバキ、ツワブキ
④葉がねじれるようになるもの：ノカンゾウ、ニラ

これらの例をもとに、なぜ植物によって枯れ葉の巻き方が異なるのかを考えてみました。
①葉の表面を内側にして巻くものを見てみると、比較的柔らかいものが多いようでした。さらに、葉の葉脈は、表面より裏面に飛び出ており、網目状に枝分かれしています。葉脈とは、水や養分の通路である維管束のことをいいますが、その中の道管、仮道管、木部繊維などは、肥厚した細胞壁にリグニンが沈着するなどして機械的強度を増す働きもします。乾燥によって水分が失われていくと葉は縮んでいきますが、裏面はこの網目状の維管束によって縮み方が表面に比べて抑えられます。そのため、表面がより早く縮むことで、表面が内側になるような巻き方をするのではないかと考えます。なお、単子葉植物のイネ科植物の葉には表側の表皮に大きな泡状細胞（あるいは機動細胞）があり、膨圧の変化によって大きさが変わります。乾燥すると葉が内側に巻き込み、さらなる乾燥を防ぐことが知られています。
②枯れ葉が巻かないものは、照葉樹林や広葉樹林の樹木に見られました。これらの樹木は乾燥に強い植物で、含水量が低く、厚壁細胞、厚角細胞、繊維細胞などが発達した固く強固な葉を持っていることから、葉は乾燥しても巻きにくいと考えます。
③葉の裏面を内側にして巻くツバキやツワブキは、表面が固く、光沢もあります。これは、表皮の外側に、クチン（脂肪酸の重合した化合物）に蠟（ろう）が浸透してできたクチクラ層があり、それが

非常に発達していることによります。このことが葉の強度を増すとともに、表面の水分が逃げるのを抑える働きをしているため、裏面を内側にして巻くと考えます。

④ノカンゾウやニラの葉が乾燥するとねじれるのは、部位によって巻く方向が異なることによります。これらは単子葉植物で、葉脈は平行脈なので、網目状の葉脈のように乾燥による縮みを抑える働きがありません。したがって、偶然により、裏面を内側にして巻いたり外側にして巻いたりする結果だろうと考えます。

乾燥による細胞・組織レベルの形態変化は不明な点が多く、ここで述べた推論が本当に正しいかどうかは証明しなければなりません。どうしたらいいかは、ぜひ考えてみてください。

Q17 『徒然草』にある吉田兼好の観察は正しいのか?

『徒然草』第百五十五段に「木の葉のおつるも、まづ落ちて芽ぐむにはあらず。下よりきざしつはるに堪へずして落つるなり。」という一節があります。これによると、木の葉が落ちるのは、先に葉が落ちてから芽ぐむのではなく、下から芽ぐむ力に耐え

きれずに落葉する、と兼好は観察していますが、このような現象は実際にあるのでしょうか。（大学院生）

回答にあたって、若干の戸惑いがあります。まず、この記述は兼好が実際に見たことが書かれているのか。そして、この種の文章は科学的に正しい必要があるのか。言い換えれば、読者に伝えたい思いをわかりやすく説明するために考えた例えであってもいいのではないか。しかし、ここでは、兼好が実際に観察したことが記されているとの前提で考えてみたいと思います。

この一節は、現代語にすると「木の葉が落ちるのは、先に葉が落ちてから芽ぐむのではなく、下から芽ぐむ力に耐えきれずに落葉する」となるようです。この文章の前に「春暮れて後、夏になり、夏果てて、秋の来るにはあらず。春はやがて夏の気をもよほし、夏より既に秋はかよひ、秋は則ち寒くなり、」とあるので、これらと対応させれば「先に葉が落ちてから芽ぐむのではなく」は「葉が落ちた後に芽が出るのではない。葉が落ちようとしているときには既に芽ができはじめているのだ」という意味なのかもしれません。

ここでの芽が葉の付け根にできる腋芽のことなら、若い葉の葉腋には既に腋芽ができていて、枯れて落葉するときには既に越冬芽はできているので、この文章は植物学的に正しいことになります。

しかし、「下から芽ぐむ力に耐えきれずに落葉する」という部分がわかりません。この部分が文学的に、あるいは思想的に重要な部分なのでしょうが、植物学的には曖昧です。次の世代の若い芽が育つ内的生理活性（生命力）が強くなってきて、それに抗しきれずに古い世代の葉が落ちてゆくということでしょうか。しかし、そうであるなら、若い芽はどんどん成長していくはずですが、落葉の後は越冬芽として休眠するのが普通です。芽ぐむ力が「下から」という点を考慮すると、葉の下にある芽が大きくなる物理的な圧力に葉が耐えきれずに落葉すると解釈することもできそうです。腋芽は葉の下にあるといってもいい位置関係にあるので、腋芽が大きくなれば、枯れて弱った葉はその押し出す力に耐えきれずに落ちてしまうことはありそうです。ただし、やはり落葉の時期に腋芽が大きくなりつつあることは、通常、ありません。

そこで、思い至るのはカシワの例です。カシワは落葉樹で、葉は秋には枯れますが、落葉することなく枝についたまま冬を越し、春に若芽が芽吹く頃に落ちます。他のブナ科の木本（もくほん）でもしばしば見られる現象です。一般に、落葉樹の葉は秋に葉の基部に離層を形成し、この部分の細胞が崩壊することによって葉が茎から切り離されます。カシワではこの離層が形成されない、あるいは、形成が不十分なために落葉が起こらないのです。春になれば落葉しますが、それは大きく成長をはじめた新しい芽に押し出されるためだといわれています。この現象は「下から芽ぐむ力に耐えきれずに落葉する」という表現と矛盾しません。「木の葉のおつるも……」の一文は、「春はやがて夏の気をもよほし、夏より既に秋はかよひ、秋は則ち寒くなり、十月は小春の天気、草も青くなり、梅もつぼみぬ」と春、夏、秋、小春と季節の移りを述べた後に続くので、ここでは秋の落葉ではなく、春の落葉かもしれません。そうであるならば、兼好はカシワの春の落葉の様を正しく観察したと考えられます。

とはいうものの、強引な話の展開です。やはり、最初に述べたように、これは兼好が実際に見たことではなく、頭で考えた例えだとするのが無難ではないでしょうか。兼好はこんなことを書いているが、カシワという木では似たような現象がある、と文学と植物学に共通する題材で話すだけでも楽しいと思います。

Q18 植物の表面は水もガスも通さないはずなのに、どのようにして養分を通すのか？

植物は茎や葉の至るところから養分を吸収できると聞きました。ところが、「植物が上陸を果たすためにクチクラ層を獲得し、この層は水もガスも通さない」と、ある

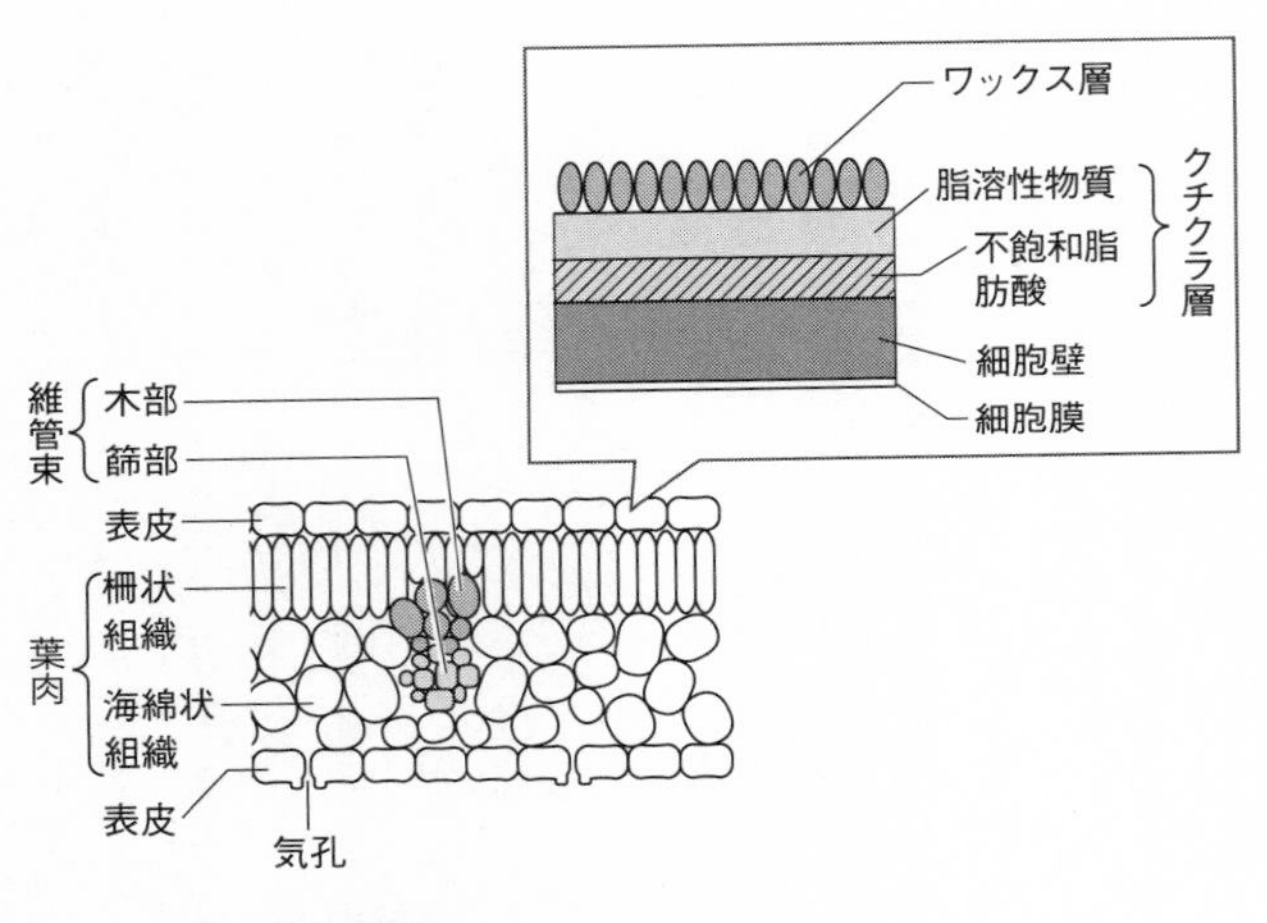

図3－2　**葉の断面構造**

本に書いてありました。クチクラ層は、必要な養分は吸収し、不要なものは通さない仕組みになっているのでしょうか。（会社員）

確かに、陸上植物の葉や茎などの外側は、水を通さないクチクラ層で覆われています。しかし、葉から物質がまったく吸収されないかというと、そうではありません。

例えば、農作物や園芸植物の栽培において、肥料や植物ホルモンなどの薬剤を葉に散布するのは一般的におこなわれていることです。また、食虫植物では、葉の表面で捕らえた昆虫などを、葉から分泌する酵素で消化し、その分解産物を吸収しているということもあります。これらのことを考えると、葉から与える物質も何らかの経路で細胞内へ輸送されることは間違いありません。

そこで、まず葉の構造を説明しましょう。

葉のいちばん外側にはワックスだけの層があり、これは結晶が存在する結晶構造から、結晶構造を持たないアモルファス構造までさまざまです（図3－2）。

ワックス層の下には、2層のクチクラ層があります。上の層はすべて脂溶性物質からできていて、下の層は不飽和脂肪酸（クチン）が主体となっています。

クチクラ層の下は細胞壁で、セルロースなどの多糖類、炭水化物、少量のタンパク質が含まれています。細胞壁に含まれている炭水化物の繊維が伸びて、クチクラ層の下の層に入り込んでいることもあります。

ただし、これは一般的な構造で、もちろん例外はあります。また、表面のワックス・クチクラ層には、ところどころにヒビや裂け目、微小な孔などがあるのが普通です。

さて、物質が葉面からこれらの層を経て浸透していくには、どのような経路があるのかを考えてみます。

物質には水に溶けやすい親水性のものと、水に溶けにくい疎水性（油に溶けやすい親油性、または親脂性）のものとがあります。一般に、イオン化しやすい物質ほど水に溶けやすくなります。また、分子の一部にイオン化する構造をもっていても、炭素と水素だけでできている炭化水素の部分が大きいと、ほとんど水には溶けません。

この親水性と疎水性の物質は、異なる経路で植物体内へ吸収されます。親水性の物質はワックス・クチクラ層にできたヒビや裂け目、微小な孔などから水に溶けて入り込み、細胞壁から伸びて組み込まれている繊維構造を通って細胞まで運ばれると考えられます。一方、疎水性の物質はワックス・クチクラ層を、直接通過して内部に入ると考えられます。

肥料や薬剤を葉面に散布するときには、界面活性剤を加えた溶液にして使います。界面活性剤は洗剤などに使われる石けんのようなもので、疎水性の薬剤などを水中に分散させるとともに、これらの物質がワックス・クチクラ層へ浸透するのを助ける働きをします。

また、葉の表皮にある気孔は酸素や二酸化炭素などの気体の出入りだけでなく、溶質の流入に関与しているという報告もあります。葉の表面からの物質の吸収は、農業にとっても大切な技術であるためさまざまな研究がなされており、最近ではナノサイズのリポソームを使って物質を葉面からとりこませる技術も提案されています。葉面からの物質の吸収の機構については、まだ研究が進展中です。

Q19 植物の代謝に関わっている物質「クロロフィル」について知りたい

一般的に、植物が持っているクロロフィルは、何時間（何日）くらいで分解され、新しいものに置き換わる（ターンオーバーする）のでしょうか。（会社員）

生体を構成する分子は、代謝回転（合成と分解。ターンオーバー）することにより、その機能を維持するものと考えられています。光合成色素として知られるクロロフィルの分解速度についてお答えする前に、この分子の生体内での存在状態と分解経路について説明します。

クロロフィルの存在状態

光合成を営む細胞内のクロロフィルは、太陽からの光エネルギーを吸収する「集光装置（アンテナ）」としての役割とともに、集められたエネルギーを生命活動に利用できる化学エネルギーに変換する「（光化学）反応センター」としての機能を担っています。クロロフィル分子は、単体で存在する場合には、光照射下で酸素分子（O_2）と反応して生体にとって有害な活性酸素を作り出し、分子自身も破壊されます。しかし、前述のように光合成の機能を担うクロロフィルは、タンパク質との複合体の形で存在し、生体内では安定に保たれています。

クロロフィルの分解経路

近年、クロロフィルの分解経路やそれを担う酵素が明らかになりました。クロロフィルは4つのピロールと呼ばれる窒素を含む構造体が環状につながり、フィトールという長い炭素鎖の側鎖が付いた分子で、4つのピロールが作るポルフィリン環にはマグネシウム（Mg）が配位しています。クロロフィルが分解するときは、まず中心のMgが離脱し、その後フィトールが切断され、次にポルフィリン環が開環します。このような一連の反応の結果、クロロフィルの最終的な分解産物として4つのピロールが線状につながった「フィコビリン様物質」が作られ、これが植物では液胞に蓄えられます。

ところで、生体内でのクロロフィルの分解速度は、ポルフィリン環を構成する窒素や炭素を培養条件下で（放射性または安定）同位体で標識（ラベル）し、その減衰を測定することで求められます。この方法により、シアノバクテリア（ラン藻）ではかなり信頼できる結果が得られており、半減期（寿命）は約300時間と見積もられています。当然、この値は生育段階や生理条件によって大きく変動しますが、およその値としては正しいものと思われます。

一方、陸上植物についてはまだ信頼できる値は得られていません。陸上植物では、クロロフィルを同位元素でラベルする実験がシアノバクテリアに比べて難しく、パルス的なラベルを試みても細胞内のクロロフィルを一様にラベルするのが困難であるなど、謎の部分が多くあります。それでも、大局的には、陸上植物においてもクロロフィルの分解が非常に遅いことを示す証拠は数多く得られています。

例えば、シロイヌナズナの緑葉（老化していない健康な葉）に蓄積しているフィコビリンを定量すると、葉に存在しているクロロフィル量の１％以下の値が得られます。シロイヌナズナの場合には、分解されたクロロフィルのほとんどすべてがフィコビリンとして液胞内に蓄積される事実を考えると、この実験結果はクロロフィルの分解（ターンオーバー）の速度が極めて遅いことを示しています。緑葉におけるクロロフィルは極めて安定であると考えていいでしょう。

ところが、この事実とは対照的に、クロロフィルと複合体を作っている相手方のタンパク質は、色素分子よりもはるかに高い頻度で分解されています。際立った例として有名なのは、エネルギー変換の反応センターを形成するクロロフィル結合タンパク質「D1タンパク質」の場合で、このタンパク質の機能条件下での半減期は1時間より短いとされています（シアノバクテリアでの値）。陸上植物の場合を含め、光合成で機能するクロロフィルと複合体を形成しているその他のタンパク質の分解に関しても、6～11時間や40時間程度の半減期が報告されています（タンパク質の種類によって異なる）。

以上のことから明らかなように、色素クロロフィルとそれが結合するタンパク質の間では、寿命に桁違いな差異があります。このことは、「クロロフィルは、破壊されるタンパク質から新たに合成されるタンパク質へ乗り移っていく」というシナリオを暗示するものです。実際に、反応系から外れたクロロフィルが「サルベージ経路」と呼ばれる経路や「クロロフィルサイクル」の代謝系を経由して再利用される実態が明らかにされつつあります。機能することに伴ってタンパク質は不可避的な損傷を受けて新たに合成されたものに置き換えられますが、それに結合しているクロロフィルの分解は最小限に留められているようです。

一般に、多細胞体である陸上植物では、クロロフィルの分解産物を体外に捨てることができず、液胞内にため込むことになります。そのため、もしクロロフィルが短時間で置き換わってしまうなら、液胞はすぐに分解産物でいっぱいになります。このような事情から、クロロフィルの分解はできる限り抑制されているものと理解することができます。また、クロロフィル分解の中間体であるフェオフォルビドaという分子は極めて毒性が強く、少量でも蓄積すると細胞死を起こしてしまうことがあります。クロロフィルの分解速度が遅いのは、このように危険な中間体が蓄積する機会を減らすためであると理解することもできます。

Q20 単子葉類の1枚しかない子葉の役割は何か？

トウモロコシのタネをまいたら、芽は出たけど双葉にはなりませんでした。本で調べたら、子葉はアサガオのような2枚（双葉）ではなく、1枚だけの仲間があることを知りました。双葉は栄養が詰まったタネのようなもので、本葉が出るまでの大切な葉っぱなのですね。

双葉の役割はわかりましたが、1枚しかない子葉の仕事はわかりません。トウモロコシの芽を見ても、下のほうに小さな薄い皮のようなものがついているだけです。子葉には栄養は詰まっていないようだし、栄養をつくっているようにも見えません。そして、子葉が出た後、すぐに本葉が出てきて、不思議です。1枚の子葉は何のためにあるのか、その役割を教えてください。（小学生）

種子ができる種子植物には、種子のもととなる胚珠（はいしゅ）が、変形した葉の上にむき出しでできる裸子植物と、変形した葉で包まれる被子植物があります。どちらの種子の中にも、植物の葉、茎、根のもとがすでにできあがった胚があり、その葉のことを子葉といいます。

被子植物の種子を調べてみると、子葉が2枚ある植物（双子葉類）と、1枚しかない植物（単子葉類。図3－3）があることがわかります。被子植物はもともと双子葉で、一部の双子葉類が

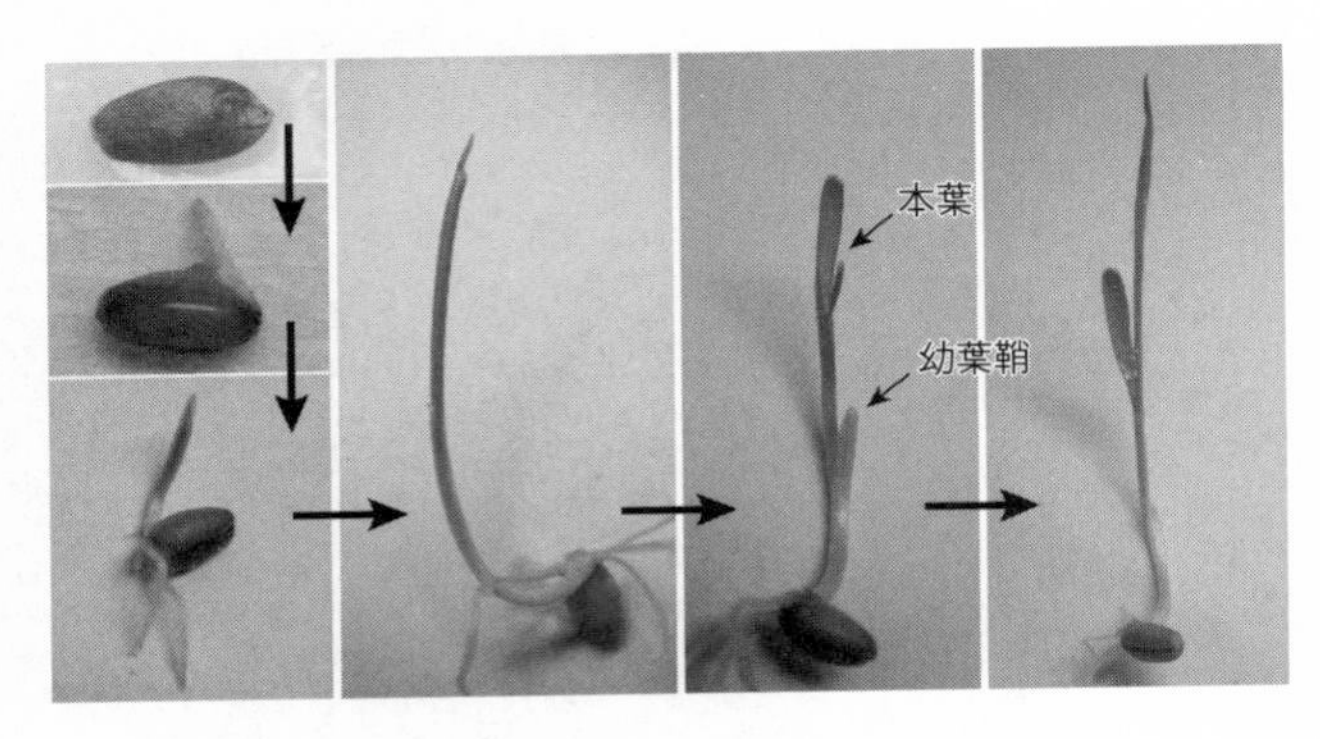

図3−3　コムギの種子発芽における幼葉鞘と本葉の発生

単子葉類に進化したものと考えられます。アサガオ、キャベツ、エンドウ、ダイズなどは双子葉類で、イネ、ネギ、ユリ、サトイモなどは単子葉類です。トウモロコシは単子葉類なので、双葉が出なかったのです。

ちなみに、裸子植物のマツの仲間では、子葉が数枚のものもあります。

ほとんどの双子葉類の種子では、子葉に栄養物質をためています。エンドウ、ソラマメ、ダイズ、インゲンなど多くの豆類（種子）は簡単に二つに割れますが、これが栄養をたっぷりため込んだ子葉なのです。ヒマ（トウゴマ）やカキなど、胚乳（子葉以外のところ）にためるものもあります。

エンドウやソラマメでは、発芽するときに子葉は地中に残って、地上に出る茎や葉（次世代の植物本体）に栄養を与え続けます。一方、ダイズやインゲンでは、子葉は短い茎の上にのって地上に出てきます。ただし、緑色にはなっても本葉のように成長展開せず、子葉の間から出てくる茎や葉などに栄養を与え続けて、栄養がなくなれば枯れ落ちてしまいます。

これらは、次世代の植物本体が自身で光合成をおこなって自立成長できるまでの栄養を、子葉に確保していることになります。

ところが、アサガオの他、キュウリやカボチャなどのウリ類では、子葉にためられる栄養が十分でないため、それだけでは次世代本体が自立するまで育てることができません。そこで、子葉が展開して緑色になり、光合成をおこなって栄養の供給を続けます。これらの子葉は、しばらくは立派な葉の働きをしますが、やがて使命を終えて枯れ落ちます。

つまり、双子葉類の子葉は、自身に十分な栄養を貯蔵するか、足りなければ光合成をして、必要な量の栄養を次世代の植物本体に与える働きをしています。これに対して、単子葉類の子葉は、肉眼で見える部分とそうでない部分があり、働きも少し異なります。多くの単子葉類の種子は、次世代の植物本体が自立するまでに必要な栄養を、胚乳に貯蔵しているのです。

ご質問にあるトウモロコシなどのイネ科は、子葉が特殊な構造をしていて、大きく形の異なる二つの部分からできています。

一つは、本葉を包む鞘状の保護器官（幼葉鞘（ようようしょう）、または子葉鞘）で、もう一つは、茎、根をおおうようにかぶさる大きな組織（胚盤）です。胚盤は栄養をためている胚乳に接していて、ここから養分を吸収する働きをしています。他の単子葉類では、胚盤がなく、幼葉鞘だけの場合が多く見られます。

発芽するとき、本葉は幼葉鞘に包まれたまま成長して地上に顔を出します。幼葉鞘は2～3㎝しか成長せず、本葉は幼葉鞘の先端を突き破って外に出てきます。「トウモロコシの芽を見ても、下のほうに小さな薄い皮のようなものがついているだけ」とのことですが、この「小さな薄い皮のようなもの」が幼葉鞘の残骸です。幼葉鞘は、大切な本葉が土の中で成長するときに、土砂などで傷つかないように守る働きをしているのです。

子葉のもう一つの部分である胚盤は、発芽の初期には酵素を分泌し、胚乳にたまっているデンプンを糖に分解しはじめて、できた糖類を次世代の植物本体に供給します。発芽が進むと、別の細胞（糊粉層細胞）で、デンプンやタンパク質を分解する多くの酵素がつくられるようになり、それがデンプンをはじめとする貯蔵物質を活発に分解していきます。そのおかげで、胚盤はデンプンが分解してできた糖や、タンパク質が分解してできたアミノ酸を吸収し、植物本体に供給する働きに専念できるようになります。

つまり、トウモロコシなどのイネ科の子葉は、幼葉鞘と胚盤という二つの部分に変形するのです。そして、幼葉鞘は成長する葉を保護して地上に顔を出し、胚盤は地中に残って栄養の通り道になる、という働きを持っていることになります。

　一方、イネ科以外の単子葉類では、子葉は幼葉鞘と胚盤に分かれず、1枚の筒状の葉となって胚乳の中に埋まっています。子葉の基部側（葉鞘）が幼葉鞘に対応する部分、その他の葉身が胚盤に対応する部分です。ネギ類の子葉は地上に出て展開して緑色になりますが、発芽の初期に種子の貯蔵物質を分解、吸収する働きをする点では胚盤と同じです。

第4章

色

植物の多様な色とその変化の不思議

Q21 夏にモミジの一枝だけ葉がすべて赤くなり落葉するのを観察した。なぜこうなるのか？

夏休みに祖母の家へ行ったとき、庭にあるモミジの木の一枝だけが赤くなっているのを見つけました。その4日後、赤い葉が散りはじめて、その枝だけ全部の葉が落ちてしまいました。まだ季節は夏だし、同じ木でも他の葉は緑色をしているのに、どうしてこうなるのでしょうか。（小学生）

一本の木の中で、ある枝や葉だけが他のものとは異なった様子を示す現象は、よく見られることです。ご質問のように、紅葉する木の一部だけが早く色付いたり、反対に一部だけはなかなか紅葉しなかったりすることがあります。いずれにしても、それぞれに原因があるはずです。

まずは、紅葉の仕組みについて説明しておきましょう。

一般に紅葉は、緑色の色素である葉緑素（クロロフィル）、橙（だいだい）色から黄色の色素カロテノイド、赤色から青色、紫色の色素アントシアニンという3種類の色素の量比によって色調が変わると考えられています。

葉にはもともと葉緑素とカロテノイドが含まれていますが、葉緑素のほうが多いので、通常、葉は緑色に見えます。葉緑素は葉緑体の中にあり、太陽光エネルギーを生命活動に利用できる化学エネルギーに変える働きをしています。葉緑体はそのエネルギーを使って光合成しています。

秋になって気温が下がり、日が短くなって太陽の高さも低くなってくると、葉緑体の働き（光合成活性）が低下しはじめ、光合成が十分におこなえなくなります。そうすると同じ太陽光の強さでも光エネルギーが過剰な状態になります。過剰な光エネルギーは葉緑体で活性酸素を生じるように作用し、葉緑体の機能をさらに低下させて、葉緑素を分解するようになります。そうして葉は緑色を失っていきます。

イチョウのように、秋に葉が黄色になる木では、葉緑素があったために隠れて見えなかった黄色の色素、カロテノイドが見えるようになります。モミジなどのように紅葉する葉では、葉緑素がなくなるとアントシアニンという赤から紫系の色素が新たに合成されます。この色素は、ブドウ、ブルーベリー、リンゴなどの色のもとになっています。

また、葉緑体の機能が低下して葉の老化がはじまると、植物は葉を落とすために、葉柄（ようへい）の付け根（基部）に「離層」と呼ばれる細胞層をつくります。離層がつくられると、葉と枝を結ぶ通路が遮断され、枝から葉への水の供給はストップし、葉から枝に糖などの栄養が移動（転流）できなくなり、葉に糖がたまってきます。このような状態になると、アントシアニンがよくつくられるようになります。

アントシアニンが何を合図に合成されるかはまだ明らかになっていませんが、一般に、太陽光が強いこと、氷点にはならない程度の低温、軽い水不足により、合成（紅葉）を促進します。こうして紅葉するとされています。

さて、ご質問のモミジの木の一枝だけに紅葉が起きた原因ですが、実際にどのような状態にあった枝なのかわかりませんので、考えられることを挙げてみます。

その枝の葉はすべて紅葉したということなので、それぞれの葉に原因があったというよりは、その枝に原因があったのだと思います。ということは、その枝についている葉は、葉緑素の分解が早まったということでしょう。これを踏まえて、次の三つのケースについて検討してみましょう。

第一に、その枝の早い紅葉は今年だけのもの、というケースです。この場合、今年だけ何かその枝全体に異常が起きて、その枝についている葉は緑色を保つことができなくなったと考えることができます。病気なのか、虫がついたのか、どんな原因かはわかりません。

第二に、その枝の早い紅葉は毎年起きている、というケースです。この場合、その枝はもともと遺伝的に早く葉緑素がなくなるようにできているのかもしれません。植物は動物と違って、身体のある部分において遺伝的な異常が起きた際に、そのまま異常な状態が残ることは珍しくありません。枝は、茎（あるいは幹）についている葉の付け根の上側につくられる芽（腋芽といいます）が伸びてできる側枝です。ですから、この芽ができるときに遺伝子の異常が起きたのかもしれません。

第三に、その枝は早い紅葉の後、枯れてしまうというケースです。この場合、やはりその枝に何か異常が起きたのですが、それが回復できないほどの致命的なものだと考えられます。枝には、中心に生命活動の維持に必要な水や栄養分を運ぶ管があり、葉の葉脈につながっています。例えば、この枝の管が、昆虫や微生物等のせいで詰まってしまったら、葉は食料を絶たれて生命活動を終えることになります。もちろん、他の原因があるかもしれません。

このように、何かしらの異常と考えられるので、残念ながら明確に回答することはできません。これらのことを確かめるには来年までかかりますが、枝に印をつけて、来年またぜひ観察してください。

Q22　紅葉した葉が春には緑色に戻る植物があるのはなぜか？

秋に紅葉した葉が、春になると緑色に戻る植物があります。例えば、ナンテンやある種の針葉樹などです。これらが紅葉するときに、葉の葉緑体はなくなるのでしょうか。春になって再び緑色になるときは、葉緑体が新しく再生されるのでしょうか。葉が散らないなら緑色のままでもいいように思います。（一般）

確かに、ナンテンは紅葉しますが、落葉はしません。つまり、葉が赤くなることと、葉が落ちることは、必ずしも一緒ではないということになります。ここでは、葉の「老化」と「ストレス応答」という視点で説明します。

まず、老化について見ていきます。

植物は古くなったり不要になったりした葉を積極的に壊して、新しい部分に養分を転流させて再利用しています。この壊す作用を「老化」といいます。しかし、人間が衰えたときにいう老化とは異なり、植物は「積極的に」老化しています。例えば、イネの収穫時に田はいっせいに黄金色になりますが、このときイネは積極的に老化して葉が枯れ、葉の養分を穂に送って実を大きくしているのです。葉の養分の多くは、光合成をするための装置である葉緑体にあるので、葉緑体が積極的に壊れる、ということになります。

したがって、葉の老化で葉緑体が壊れるときは、クロロフィル（葉緑素）も分解されるので緑色がなくなりますが、藁（わら）が黄色く見えるのは、分解されないカロテノイドなどの他の色素が残っているからです。樹木の落葉も、色の違いこそありますが、同じように葉緑体が分解され、残った色素で赤や黄色になります。葉緑体が再生することはありません。

次に、ストレス応答について説明しましょう。

植物は根を張って動けないので、日照りや冬の寒さといったストレスに応答して生き延びようとします。ストレス応答にはいろいろありますが、老化のように死んでいくのではなく、生きた葉が反応するということです。

葉がストレスを受けると、赤、青、紫などの色を呈する色素、アントシアニンを蓄積します。なぜ色素をつくるのかはよくわかっていません。日陰を好む植物が日照りにあうと、アントシアニンをつくって紫になりますが、人間が使うサングラスのように、強い光を避けて、有害な紫外線から光合成する葉を守っている、という説もあります。ストレス応答でつくられるアントシアニンは生きた葉がつくっているので、葉緑体も分解されずに残っています。

ここまでの説明で、おそらくおわかりでしょう。ナンテンの葉が落ちないで赤くなるのは、ストレス応答と考えられるので、ストレスを克服すると葉緑体が再生し緑色に戻ります。一方、紅葉して落葉する葉は、老化により積極的にクロロフィルが壊されてしまうので、もとには戻れません。どちらも赤や黄色などの色がついているので同じように見えますが、植物から見た反応としては違うものなのです。

でも、注意が必要です。ナンテンを赤くしようとすると、たくさんストレスをかけて植物をギリギリまで追い込むことになるので、春になって緑色に戻るまでに死んでしまい、落葉するかもしれません。そうなると、老化かストレス反応かの区別がつかない、ということになります。

Q23 タンポポの茎が黄緑色から赤紫色へと変化するのはなぜか？

近所のタンポポを観察していたところ、花が咲いている状態では花茎（かけい）が黄緑色なのに、花茎が倒れてから綿毛がついた状態では赤紫色に変化しているものが多いと気づきました。そして、綿毛がすべて飛んでいった頃には再び赤みが抜けていったように感じます。本などで調べても、このような色の変化には触れていないのですが、なぜこのような現象が起きるのでしょうか。（一般）

植物の葉や茎が、緑色から他の色に変わるのは普遍的な現象です。典型的な例は、紅葉です。葉が緑色から黄色に変化する際にはカロテノイドという色素が関わります。植物が紫色や赤紫色に変化することも多いですが、これらの色のもとになっている色素のほとんどはアントシアニンです。その他、花や果実でも、赤色やそれに類する色を発する色素として機能しています。

タンポポの花茎に見られる赤紫色も、やはりアントシアニンとみなしていいでしょう。タンポポの花茎部分の色素だけを取り出して分析した研究論文は見つけられませんでしたが、タンポポからはアントシアニンが取り出されています。これは、１９９７年に発表された論文で報告されていて、セイヨウタンポポの培養組織（分離した組織を無菌条件で培養して増殖させたもの）でアントシアニンをつくらせて色素の分析をおこなったところ、主要色素はシアニディンマロニルグリコシドという物質の一つであったということでした。

ご質問者が観察したタンポポの種類はわかりませんが、おそらく同じアントシアニンであろうと思います。タンポポの花茎は、通常、薄い緑から黄緑色であることが多いのですが、セイヨウタンポポの花茎の色は緑から紫がかった色、あるいは褐色がかかった紫色であるとされていますので、花茎自体にはアントシアニンを合成する能力があると考えられます。

ご質問では、花茎の変色は花が終わった以降に起きています。これは、タンポポの開花・種子形成という、一連の生殖過程が進行した結果、花茎に生理的変化が生じ、それまで眠っていたアントシアニンの合成に関わる遺伝子が働きを開始したからでしょう。花茎の組織も最終的には老化しますので、アントシアニンも分解されて、色が抜けていくものと考えられます。また、アジサイの花の色のように、組織細胞の酸性度の変化で色合いが変わることもあります。

アントシアニンが合成される条件にはいくつかあります。まずは、幼い芽や葉で葉緑素が生合成されるまでの間、紫外線から身を守る機能です。次に、寒冷や乾燥、食害などのストレスへの対応の結果として、アントシアニンをつくる場合もあります。さらに、花に含まれるアントシアニンでは、高温になると合成量が減ることも知られています。

植物の葉が赤紫色を帯びるようになるには、特にリンの欠乏の場合が多いという報告もあります。野外などの管理されていない場所で生育する植物は、その生育場所によってさまざまな環境要因に不均一にさらされていますから、個体による差が目立つことも多いでしょう。

Q24 花の色は多様なのに、タネは黒や茶色が多いのはなぜか？

庭で植物を育てていてタネをよく採取するのですが、植物のタネは黒や茶といった色が多いように思われます。花の色は多様ですが、タネの色はほとんど同じなので不思議に感じました。黒や茶色にすることで何かメリットがあるのでしょうか？（会社員）

ご質問にあるように、一般に、種皮の色は花の色に比べて地味です。なぜかと改まって考えると不思議です。しかし、どんな植物も、形態や色などは適当にできあがったわけではなく、長い進化の過程で、その生育環境に適する形のものが残るように発達してきたと考えていいでしょう。となると、どんな形であっても、どんな色彩であっても、それらはその植物の生育、生存、繁殖のうえで何らかの意味を持っているはずです。あるいは、持っていたものの名残であるかもしれません。

植物の生活環（史）において、種子はその植物の繁殖、つまり、次世代に生き延びて栄えていくことができるかどうかの重要な一つの段階です。そのため、それぞれの植物が、できるだけたくさんの種子をつくって、できるだけ遠くまで行けるようになっています。また、種子がしっかり生き残って発芽できるようにも適応しています。

そういうことからも、種子にはさまざまな形があり、その堅さも一様ではありません。しかし、種皮の基本的役割は決まっています。それは、内部の幼胚を保護することです。

さて、肝心の種皮の色についてですが、それを構成する色素は、種子の種類によって異なり、主な物質はポリフェノールと呼ばれる一群の化合物に属する色素です。これらの色素には、いわゆる抗酸化作用があるため、種子の発芽の力を守る働きがあるのではないかともいわれています。

また、スイカのある品種を用いた研究では、種皮の色が濃いものは薄いものより種子としての品質が高いとしていたり、アカツメクサの研究では、黄色の種子のほうが高品質で活力が高いと報じている論文もあります。

実際のところ、色自体の役割を研究したケースはあまりないようなのですが、カリフォルニアに生育するマメ科の植物についての論文が見つかりました。その結論を簡単にいうと、その植物が生育する土壌環境に種皮の色が紛れるようにカモフラージュすることで、食害から守られている、ということです。この種類の生態学的研究は実験が難しいので何ともいえませんが、種皮の色や模様が積極的な意味を持つとしたら、あり得ることだと思います。

第5章

細胞と代謝

細胞壁や光合成——植物ならではの生命の仕組みとは

Q 25 オオムギの発芽時に、胚乳のアミラーゼは細胞から出てデンプンを分解すると習うが、その仕組みはどうなっているのか？

高校の教科書に、ジベレリン（植物ホルモンの一種）によるオオムギの発芽の仕組みが出ています。ジベレリンによりアリューロン層（糊粉層：穀類で内胚乳の外側を覆う層）の細胞でアミラーゼが合成され、そのアミラーゼが胚乳のデンプンを分解するとあります。では、アリューロン層の細胞から、アミラーゼはどのように出るのでしょうか？　また、アミラーゼは、胚乳のデンプンにどのように働くのでしょうか？　デンプンは胚乳の細胞内にあり、そのままではアミラーゼが働けないのではないか、と疑問を持ちました。（教員）

まず、指摘しなければならないことは、植物ホルモンの一種であるジベレリンは、アミラーゼの合成だけを促進するのではなく、細胞壁分解やタンパク質、核酸などの高分子の分解に関与する加水分解酵素類の合成も促進するということです。

次に、タンパク質は、細胞内の粗面小胞体（タンパク質の合成をおこなうリボソームという構造体が、膜の表面に多く付着している細胞小器官）や細胞質にあるリボソーム上で合成されま

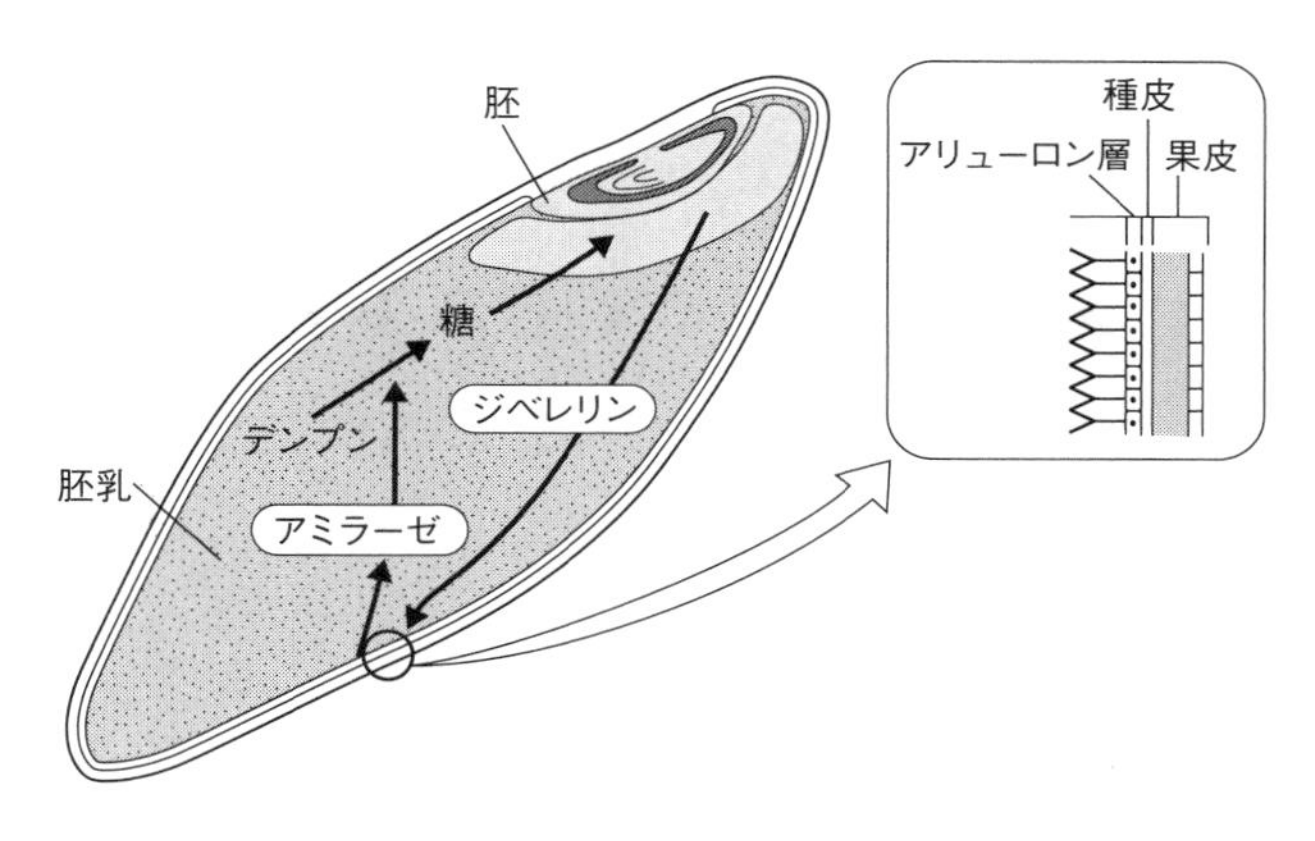

図5－1　ジベレリンによる種子の発芽の仕組み

す。そして細胞質ゾルに滞留したり、葉緑体、ミトコンドリア、マイクロボディ（ペルオキシソームやグリオキシソームなど）、液胞などの細胞小器官に運ばれたりします。さらに分泌型タンパク質は分泌過程を経て細胞外へ分泌されます。どのタンパク質が細胞内のどこに配置されるかは、かなり厳密に決められています。

問題としているアミラーゼは、分泌型タンパク質（アミラーゼにはいろいろな型があります）で、細胞外へ排出される特性を持っています。粗面小胞体上で合成されると小胞に取り込まれてゴルジ体という細胞小器官へ運ばれ、ここで修飾を受け（分泌型になる）、再び小胞に取り込まれて細胞膜へ運ばれます。この小胞が細胞膜と融合して割れると、中身のタンパク質は細胞外へ吐き出される、といった仕組みです（細胞内でのタンパク質の移動は、膜で囲まれた小胞内に取り込まれておこなわれます。わかりやすく例えると、小胞はトラック、タンパク質は積み荷に当たります)。

アリューロン層の細胞にジベレリンが働くと、アミラーゼの他に細胞壁分解酵素などもアミラーゼと同じ仕組みで合成されて分泌されます。この細胞壁分解酵素がアリューロン細胞の厚い細胞壁を部分分解して穴をあけるかたちになるため、アミラーゼや他の分解酵素類はアリューロン細胞周囲の細胞間隙に出て胚乳細胞と接触し、胚乳細胞の細胞壁を同じように部分分解して胚乳内に移り、デンプンをはじめとした胚乳細胞内容物を分解します。そして、分解物は胚へ運ばれて、胚の成長に使われます(図5-1)。胚と胚乳の境界には胚盤という構造があり、これが分解物を胚へ移動させる働きをしています。

このように、かなり複雑な仕組みになっているのです。

Q26 植物の細胞で最大のものは、どれくらいの大きさか?

世界最大級の花がショクダイオオコンニャクだということを知り、大きさに関する疑問が湧きました。

動物細胞の中でいちばん大きなものは卵細胞だと教わりました。植物では、セコイアスギなどで高さが１００ｍを超えるものもあり、動物より非常に大きなものとなりますが、一つの植物細胞でもっとも大きくなるものは、どれくらいの大きさなのでしょうか。また、その植物は何でしょうか。（一般）

ご質問は、内容から二つに分けられると思います。一つは、植物の「個体の大きさ」と「細胞の大きさ」との関係についてで、もう一つは、植物の細胞でいちばん大きいのは何かについてです。

まず一つめの質問についてです。例えば、ゾウとハツカネズミを比べると、体積でゾウはハツカネズミの12万5０００倍もありますが、細胞（神経細胞）の大きさは8倍くらいの差です。こうしたことから、動物のからだの大きさは、細胞の大きさによるのではなく、細胞の数によるということがわかります。

では、植物はどうでしょうか。

ご質問でショクダイオオコンニャク（図５－２）について言及されているので、実際にこの花を咲かせた東京大学の植物園（通称：小石川植物園）で、植物分化の研究をしている先生に、シ

図5−2　ショクダイオオコンニャク

ヨクダイオオコンニャクとシロイヌナズナを比較してもらいました。

葉（葉身）の長さを比べると、シロイヌナズナの1〜2㎝に対して、ショクダイオオコンニャクはその100〜200倍の約2mでした。ところが、葉の気孔の両側にある細長い細胞（孔辺細胞）の長さは、シロイヌナズナの15㎛（10^{-6}m）に対して、ショクダイオオコンニャクは約3倍の40〜50㎛です。孔辺細胞以外の細胞の面積でも、シロイヌナズナの5000〜10000㎛²に対して、ショクダイオオコンニャクは2000㎛²でした。

この結果から、ショクダイオオコンニャクが大きいのは、細胞が大きいからではなく、細胞の数が多いからだということがわかります。動物と同じく植物の個体の大きさも、細胞の大きさによるのではなく細胞の数によることになります。

そして、二つめのご質問の「最大の植物細胞」についてです。まず、身近なものから探してみましょう。

開花して受粉した後、果実は大きくなります。ただし、大きくなる間に果実の細胞の数はほとんど増えません。細胞が大きくなることで果実が大きくなるのです。例えば、スイカについても、雌花の付け根についていた小さな丸いものが、細胞の数は増えないまま、細胞の一つ一つが大きくなるだけであのような大きさになるのです。スイカを食べる前によく見てください。細胞の一つ一つが肉眼で見えるまでに大きくなっていることがわかるでしょう。

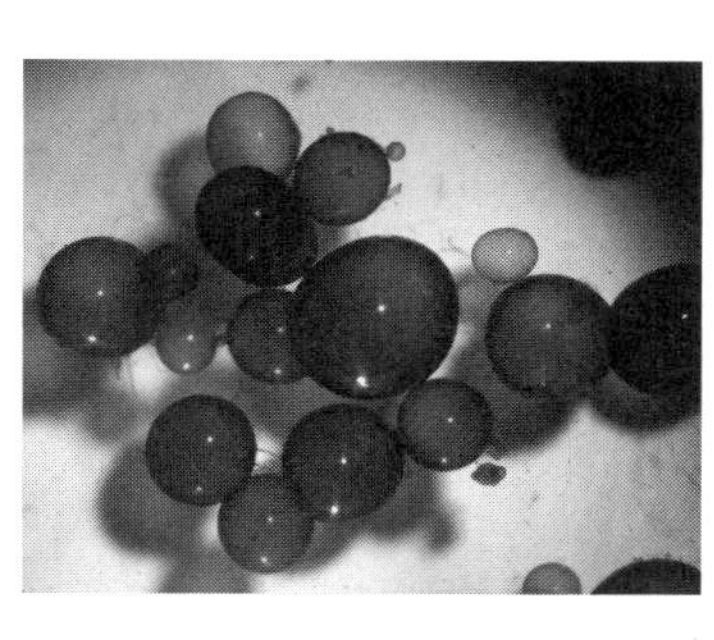

図５－３　**オオバロニア**

その他に身近なものでは、ミカンやグレープフルーツの果肉もわかりやすい例です。皮をむいて薄皮を開くと見える細長いものが一個の細胞ですが、グレープフルーツなら長さ約２㎝、幅は太いところで３㎜くらいはあるでしょう。ワタの毛の一本一本もそれぞれ一個の細胞ですが、長さは５㎝くらいあります。

陸上の植物の場合、大きな細胞の集まりではからだを支えることができません。しかし、水中で生活している藻類の仲間では、陸上植物ほどからだを支える必要がないので、大きな細胞からなるものがあります。さらに、核は分裂して増えますが、細胞間の仕切りができず、多くの核を持つ一個の細胞からできている藻類もあります。

このような藻類の中で大きいものを、山形大学の原慶明先生に教えてもらったところ、藻類のオオバロニア（図5－3）は通常、長径2～3cmですが、原先生はパラオの海水湖で長径20cmもあるものを採ったことがあるとのことでした。現生動物の細胞でいちばん大きいのはダチョウの卵で、平均長径が約15cmですが、原先生が採ったオオバロニアのほうが大きいことになります。

ただし、オオバロニアは核をたくさん持っている多核細胞で、核が一個の普通の細胞とは異なります。核が一個で大きい細胞では、長さ約10cmのカサノリ（海藻、緑藻類の一種）があります。

Q27 植物細胞に寿命はあるのか？

植物本体や葉っぱなどではなく、植物細胞単体に寿命は存在するのでしょうか。例えば、休眠中の種子などは、細胞分裂を止めるような成分を与えて無菌状態に置いたとき、植物細胞はどのくらい生きられるのでしょうか。動物細胞はテロメアが短くなっていくことで細胞としての維持ができなくなるため、これを寿命として理解できます。しかし、細胞分裂したとしてもテロメアが短くならない、そして、遺伝的な細胞の死がないような植物細胞の場合、外的要因（水分を完全に失うなど）以外に死はあるのでしょうか。（会社員）

お答えするのが難しいご質問です。「植物細胞」といっても、細胞によって成り立ちや形態、働きといった特性が異なるので、すべての植物細胞に共通する「寿命（生き続けられる期間）」があるとはいえません。

そこで、視点を変えて、植物細胞の死から考えてみます。

自然の状態で生育する植物個体内では、「死ぬことによって個体の生存を図る細胞」があります。管状要素という細胞です。管状要素とは、道管細胞と仮道管細胞をまとめた表現で、それぞれ道管、仮道管を構成する細胞です。道管、仮道管は、主に根で吸収した水（栄養素が溶けた水）を通す通道器官で、死んだ細胞が連なったものです。

道管でいうと、はじめは細胞が生きていて縦に並んでつくられます。ある段階に達すると、一次細胞壁の内側に二次細胞壁を形成し、細胞壁がある模様をもって肥厚していきます。そうすると、細胞内の液胞が破れて細胞は死ぬと同時に、上下端の細胞壁も消滅し、上下に並んでいた道管細胞がつながって、長い管、つまり道管となります。仮道管細胞の場合は、側壁で接した部分に特有の孔があき、隣の仮道管とつながります。

このように、道管、仮道管の形成には、管状要素細胞の死が欠かせません。したがって、管状要素細胞の寿命は比較的短いものですが、その遺骸は通道器官としてばかりでなく、個体の機械的強度を保つうえでも重要です。

細胞が死ぬことが重要な第二の局面は、病原微生物に感染したときです。これは外因によるものです。

また、「葉などの寿命ではなく」と条件付きですが、葉の寿命は、葉をつくっている細胞の寿命のあらわれです。落葉樹の落葉は、主に自然環境の変化という外因を感知して起こる細胞の死ですが、それに先立ってかなりの窒素やリン酸が回収されます。一年生植物は、種子を形成、充実するために栄養素を種子に集中する結果、葉細胞の貧栄養や植物ホルモン合成の変化という内因であることも見逃せません。常緑樹の葉は、主に内因性の生理的現象により落葉しますが、寿命ということでは樹種によって異なり2～10年といえます。

さて、次のご質問「例えば、休眠中の種子などは、細胞分裂を止めるような成分を与えて無菌状態に置いたとき、植物細胞はどのくらい生きられるのでしょうか」については、保蔵（保管）というまったく別の視点から考えなくてはなりません。

まず、種子について見ると、種子の内部は無菌で、水分は15〜20％くらい、休眠している胚もあれば、そうでない胚もあるはずです。保蔵環境が、冷涼、乾燥状態の場合、発芽能力が保たれる期間は、多くの栽培植物種子では一年から数年といわれています。

種子の寿命は、種子のタンパク質、核酸、脂質の経年変質によって短くなることがわかっており、これらは生化学反応なので、その速度を遅らせることで寿命を延ばす（発芽能力を長期間保つ）ことができます。近年の研究から、種子の水分が５〜７％、かつ低温で、発芽能力を顕著に長期間保つことができるようになりました。農林水産省の農業生物資源ジーンバンクでは、約15万種（種、品種、変種などの合計）の種子を−1℃と−18℃の２種の温度、乾燥条件で保管しています。５年ごとに−1℃保管の種子で発芽試験をして、発芽率80％以下になったものは、−18℃保管種子を用いて増殖栽培をして種子を更新、保管にまわしています。このことは、植物種子には10年以上生存するものもあることを意味しています。

また、茎頂、腋芽などの器官小片を、特殊な保存液でゆっくりと低温馴化（じゅんか）してから極超低温（液体窒素−196℃）で保管する方法もとられています。しかし、生存する期間は「長期間」あるいは「永久保存」などとあるだけで、詳細が明らかではありません。いずれにしても、植物細胞は、特殊な条件におけば「非常に長い期間」生き続けられるということのようです。

そういえば、遺跡などから発掘された種子が発芽した、という事例がいくつかありますが、それによれば、条件と種子の構造次第では100年以上、数百年、1000年近くも生存することがあると推察されています。

Q28 植物細胞の細胞分裂時に、液胞の内容物が漏れることはないのか？

動物細胞と植物細胞の大きな違いの一つとして液胞が発達しているかどうか、ということがあります。ここで、液胞が十分に発達した植物細胞が細胞分裂をすることを考えると、液胞を大きく2つに分割しなければならないと思いますが、液胞の内容物を漏出させずに分割するのは可能ですか？　また、可能であれば、どのようにおこなっているのですか？　（大学生）

成長した植物細胞では、液胞が細胞容積の90％を占めるようになる場合もあり、これが植物細胞に一般的な状態だと受け取られる人が多いかもしれません。しかし、液胞の大きさや細胞あたりの数は、植物細胞の生育段階によって大きく変動します。未分化の植物細胞には小さく未発達な液胞が複数存在していて、細胞が成熟するにつれて小さい液胞同士が融合するとともに、液胞自体も吸水することでふくらんでいくのです。

多細胞生物で、機能が特化した細胞を生み出す能力を保持している細胞を「多能性幹細胞」といいます。動物では受精後の発生過程で間もなく消滅しますが、植物では幹細胞の中に多能性を失わないものがあります。

これら植物の幹細胞は集団として体中に増えて、永続的かつ旺盛な器官成長を支えています。例えば、「地上部を切った根を湿った土に植えておくと新しい芽が出てくる」、「根を切った植物の地上部を湿った土壌に挿しておくと根が出てくる」、「枝を切った茎からしばらくすると枝や葉が伸びてくる」、といったことなどです。これらは、植物が条件によっては体細胞から多能性幹細胞を新生する能力も備えていることを示しています。

細胞壁で囲まれている成熟した植物細胞がどのように増殖するかを想像するのは困難ですが、細胞分裂が可能な若い植物組織の細胞ではわかっています。この場合、細胞壁が完成して細胞が2つに分割されるわけではなく、植物幹細胞において、まず小さな液胞は葉緑体やミトコンドリアといった他の細胞小器官とともに、細胞板が中央に現れて仕切られます。それによって2つの新しくできあがるそれぞれの細胞に分配されることになり、細胞分裂が完了します。

なお、液胞が発達した細胞における分裂の報告もあります。例えば、タバコの培養細胞では、発達した植物組織の細胞と同様に、一つの細胞あたり一つの大きな液胞がみられます。この培養細胞が分裂するとき、液胞は中央部分が複数の管状の構造へと姿を変えます。この構造変化にはアクチンと呼ばれる細胞骨格タンパク質が関わっていることが示唆されています。最終的には、管構造が分断されることによって液胞が分かれ、2つの細胞に受け継がれます。やはり、管構造が分断されるときに液胞の内容物が漏れ出すことはありません。

液胞に限らず、細胞や細胞小器官は生体膜と呼ばれる薄い膜で包まれています。生体膜は脂質でできており、非常に柔軟で、お互いに近寄れば融合してすぐに閉じることができます。そのため、分断の際に中身が漏れ出す心配はないのです。

Q29 原核細胞の細胞壁はどのようにして植物細胞の細胞壁になったのか？

アメリカの生物学者リン・マーギュリスが唱えた「細胞内共生説（真核生物の起源に関する仮説）」を授業で習いました。それによれば、まず、嫌気性原核細胞が膜陥入を起こし、核膜を持って嫌気性真核細胞になり、そこにミトコンドリアの起源である好気性細菌が取り込まれて、好気性真核細胞になります。そして動物細胞はそのまま、植物細胞は葉緑体の起源であるシアノバクテリアを取り込むということです。

そこで疑問に思ったのは、「細胞壁」についてです。原核細胞は細胞壁を持っています。それが真核細胞になり、好気性を持ち、植物細胞もしくは動物細胞になるという過程で、原核細胞の細胞壁はどうなったのでしょうか。原核細胞と真核細胞の細胞壁の構造には違いがあります。そのために、何らかの段階で、細胞壁の構造に変化が生じると思いますが、それは原核細胞が真核細胞になる時点でしょうか。それとも、真核細胞がシアノバクテリアを取り込んで植物細胞になる際でしょうか。

さらに、こうも考えられると思います。原核細胞の細胞壁は、何らかの段階で消滅し、植物細胞になる際に、新しく細胞壁がつくられたのではないでしょうか。

要するに知りたいのは、「原核細胞の細胞壁は、いつ、変化または消滅、再構築され、植物細胞の細胞壁に至ったのか」ということです。（高校生）

鋭く本質を突いたご質問で、感心しました。しかも、その疑問を解くためにご自身で考えられ

た二つの仮説は、どちらも非常に合理的です。以下、仮説に沿ってお答えします。

20億年の植物進化の過程を遡ってその過程を観察することは、残念ながらできません。そこで、現存するシアノバクテリア（20億〜30億年前に誕生したとされ、酸素発生型光合成の能力を持つ原核生物）と植物細胞について、それらの細胞壁を比較し、同時に植物細胞中の葉緑体に細胞壁があるか否かを見ることからはじめましょう。

その前に、細胞内共生説を少し補足しておきます。シアノバクテリアが真核細胞に取り込まれてできた植物を「一次植物」といいます。現存する一次植物は、灰色植物、紅色植物、緑色植物の三系統に分かれます。緑色植物はすべての陸上植物を含む植物集団で、私たちにはもっとも馴染みの深いものです。また、灰色植物、紅色植物は陸上に上がることのなかった植物群です。

まず、これらの生物の細胞壁から見ていきましょう。

シアノバクテリアの細胞壁の特徴は、ペプチドグリカンと呼ばれる高分子の層を持つことです。ペプチドグリカンはアミノ糖（窒素原子を含んだ糖類）とアミノ酸からなる高分子化合物で、真正細菌に共通の細胞壁成分です。

一方、一次植物の細胞壁はペプチドグリカンを含みません。また、紅色植物や多くの緑色植物の葉緑体にはシアノバクテリアのような細胞壁構造はありません。したがって、シアノバクテリアが一次共生により真核細胞に取り込まれた後、その細胞壁は消失し、一次植物自身はペプチドグリカンを含まない独自の細胞壁をつくり上げたことになります。特に、陸上に進出した緑色植物の細胞壁はセルロースやペクチン、ヘミセルロースなどが主要成分で、いずれもアミノ糖をまったく含まないのが特徴です。

それでは、シアノバクテリアの細胞壁は、どのような経緯で真核細胞の中で消失したのでしょうか。実は、すべて消失したわけではありません。その事実は、マーギュリスが細胞内共生説を提唱した１９６７年よりも半世紀近く前にすでに知られていました。１９２４年に、ロシアのＡ・Ａ・コルシコフが、シアノバクテリアに似た細胞内小器官を持つ灰色植物を発見し、シアノフォラ・パラドキサ（*Cyanophora paradoxa*）と命名していたのです。この細胞内小器官は、その後、ペプチドグリカン層を外側にもつ葉緑体であることが明らかにされました。したがって、灰色植物では、一次共生によって真核細胞内に取り込まれたシアノバクテリアの細胞壁が20億年もの間消失せず、今に至っていることになります。

では、紅色植物や緑色植物はどうかというと、葉緑体膜にはペプチドグリカンが見つからなかったことから、先述した通り、シアノバクテリア由来の細胞壁はすでに消失したことになります。しかし、緑色植物であるシロイヌナズナやヒメツリガネゴケなどのゲノムを調べると、ペプチドグリカンの合成に関わる遺伝子が存在することがわかってきました。２００６年に熊本大学の高野博嘉らが、ヒメツリガネゴケでは、ペプチドグリカン合成に関わる遺伝子が葉緑体の分裂に必須の働きをしていることを明らかにし、さらにその後、ペプチドグリカン層が葉緑体膜に存在することを見出しています。したがって、緑色植物である陸上植物は、陸上進出に際して細胞壁を刷新し、それでもなお、葉緑体は先祖であるシアノバクテリアの細胞壁の名残を留めているということになります。

結論としては、緑色植物ではご質問者が考えた通りで、原核細胞の細胞壁は、何らかの段階で消滅し、植物細胞になる際に、新しく細胞壁がつくられました。また、灰色植物やコケ植物では、葉緑体の膜の中に、今もシアノバクテリアの名残の細胞壁が残っているということになります。

Q30 植物に含まれているクエン酸とリンゴ酸はどのような役割をしているのか？

植物の中にはクエン酸とリンゴ酸が多く含まれているそうですが、それらの主な役割は何なのでしょうか。調べても、代謝物質の一つなどとしか出てきません。詳しい

ことはわかっていないのでしょうか。（大学生）

確かに、動物に比べれば、植物の果実はクエン酸やリンゴ酸などの有機酸を多量に蓄積しています。ご質問の趣旨が、なぜ植物（果実）に多量の有機酸が蓄積されるのか、その役割は何か、ということでしたら、お答えするのが難しいところです。

植物が種子をどれだけ効率よく散布するかは、子孫を残すためにはとても大切なことです。有機酸をためている果実は、動物に食べられることで種子を散布する戦略をとったため、動物が食べやすい「味」をもって進化してきたのでしょう。人は育種という技術を駆使して食べやすい果実、美味しい果実を実らせる品種をつくり出してきました。これは、やはり本来、植物が持っている形質、あるいは持つことによって進化してきた形質を、人が増強した過程ということができます。

ここでまず、酸素呼吸をするすべての生物（細胞）の代謝の仕組みを見ておきましょう。

動物は糖類や脂肪類を食餌として摂取し、光合成植物は太陽エネルギーを取り込んで二酸化炭素から糖を合成します。また、糖や脂肪は炭素、水素といった元素とともにエネルギーを持っています。生物は、これらのエネルギーを生存や成長に利用できるように取り出す生化学反応系を有していますが、同時に、材料であった炭素や水素を持つ中間産物を自身のからだをつくる材料

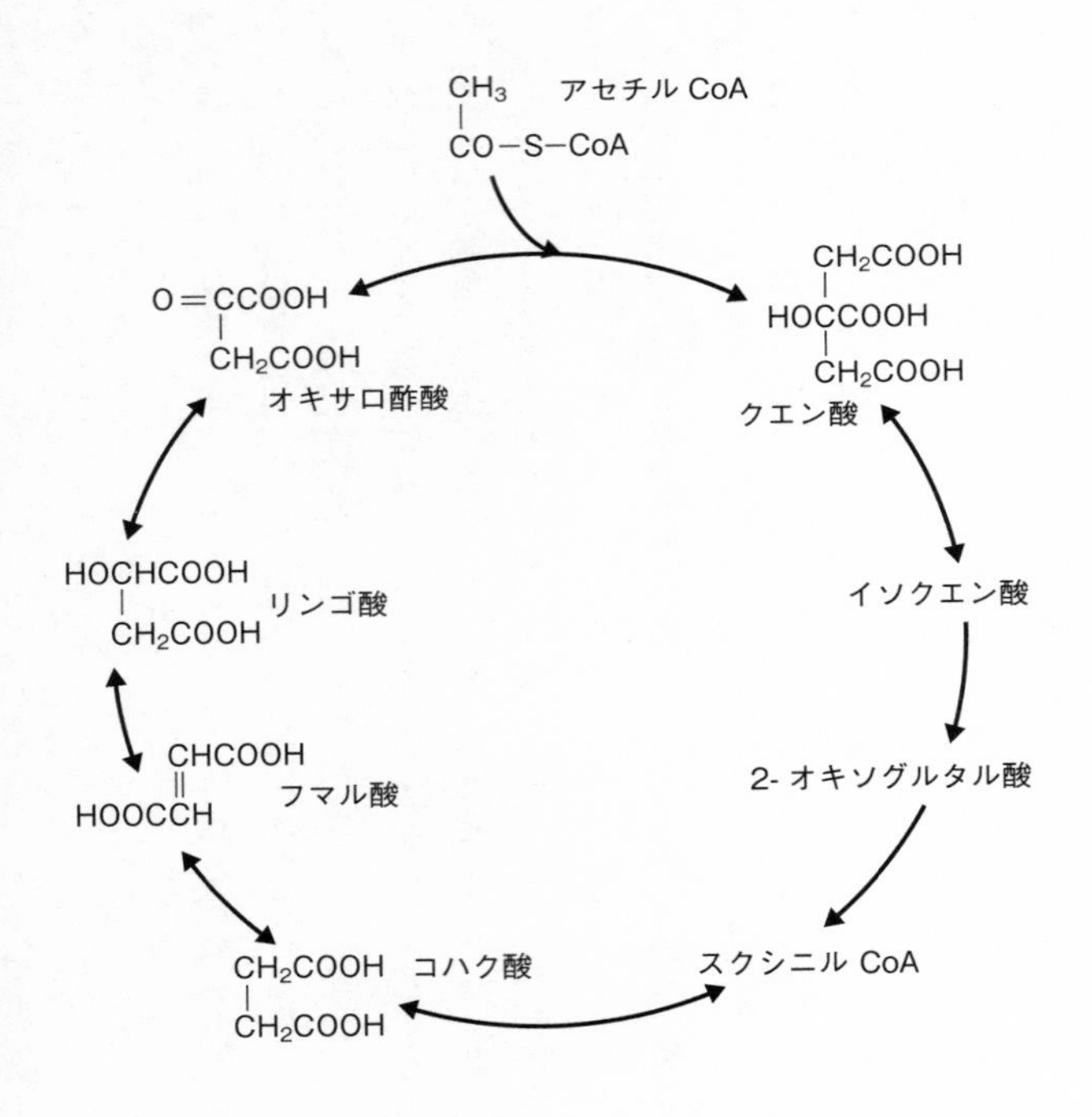
CH3 アセチル CoA
CO−S−CoA
O＝CCOOH
CH2COOH
オキサロ酢酸
CH2COOH
HOCCOOH
CH2COOH
クエン酸
HOCHCOOH
CH2COOH
リンゴ酸
イソクエン酸
CHCOOH
HOOCCH
フマル酸
2- オキソグルタル酸
CH2COOH
CH2COOH
コハク酸
スクシニル CoA

図5－4　**クエン酸回路**

として利用しています。つまり、糖や脂肪の酸化によるいろいろな物質変化の流れと、それに付随するエネルギーの流れとがあり、最終的に炭素は二酸化炭素に、水素は水になり、エネルギーはＡＴＰ（アデノシン三リン酸）と呼ばれる生体エネルギーが蓄えられている物質に移されるのです。

クエン酸やリンゴ酸などの有機酸は、この一連の生化学過程の一部を担う代謝経路において、重要な役割を担う構成物質です。

生化学反応回路にはクエン酸回路（図５－４。ＴＣＡ回路とも）と呼ばれるものがあります。この回路は糖や脂肪などを酸化分解して得られるアセチルＣｏＡを順次酸化して、構成元素は二酸化炭素へ、エネルギーは還元力（水素化された物質）として保存します。このように回路がまわることで、アセチルＣｏＡが酸化されるのです。この過程の中間代謝物として、クエン酸、コハク酸、フマル酸、リンゴ酸などができます。還元力はさらに別の反応系列によって、エネルギーはＡＴＰに移され、水素は酸素に渡されて水となります。

植物の果実に多量に蓄積されるクエン酸やリンゴ酸などは、クエン酸回路の中間体となっているクエン酸やリンゴ酸などを引き抜いて蓄積するのですが、これらは回路反応の構成物質のため、途中で回路から横取りして別のところにため込むと、回路は構成物質がなくなり止まってしまいます。これは生存が絶たれることを意味します。

そこで、糖の分解過程（解糖系）における生成物であるピルビン酸（アセチルCoAになる前の中間体）を脱炭素によりアセチルCoAに変換し、これをクエン酸回路に供給することで、回路は常に順調にまわるような仕組みができています。

Q31 植物は根からも二酸化炭素を吸収しているのか？

植物は葉から二酸化炭素を吸収して光合成をおこないますが、根からは吸収しないのでしょうか。もし、根からも吸収しているとしたら、葉の吸収量に対してどれくらいでしょうか。また、二酸化炭素がたくさん溶け込んでいる水で植物を育てると、どうなるのでしょうか。酸性になるので生育できなくなるのでしょうか。最近、温暖化で二酸化炭素が海に溶け込み、海の酸性化が進むという記事を読みました。海藻で二酸化炭素を吸収する研究がおこなわれていることも知ったので興味を持ちました。

（一般）

一般の陸上植物の場合（培養方法として水耕栽培が用いられる場合を含めて）、根と葉のそれぞれで吸収される二酸化炭素が、どれくらい光合成に寄与しているかを定量的に比較するのは容易ではありません。

根の場合、水とともに二酸化炭素が吸収されて、反応の場である葉の葉緑体に輸送された後、基質として光合成に利用されることになりますが、その二酸化炭素の量は、葉で吸収されてその場で利用される量と比べると、桁違いに少ないようです。

もちろん、現在の地球大気中の二酸化炭素濃度は約０・０４％と低く、地球上の生物の光合成反応にとっては二酸化炭素濃度が限定要因の一つになっています。そのため、人工的な方法によって外気の二酸化炭素濃度を高めて、植物（作物）の増収をはかる試みはしばしばおこなわれる栽培技術となっているようです。

しかし、例えば水耕栽培のような方法で、土壌から供給される水に大量の二酸化炭素を溶け込ませて植物の生育を上昇させようとする試みは、前述の理由から有効な手法にはなり得ないように思います。

根が二酸化炭素を吸収して光合成をおこなう場合の特別な例として、根が緑化する傾向のある植物が挙げられます。このような例は、着生シダなどにしばしば見られます。

一般論としては、もし光合成の反応系に連結していない「遊離のクロロフィル（葉緑素）」があれば、クロロフィルによる光化学反応により、植物にとっては破壊的な結果がもたらされることになりかねません。そのため、通常、クロロフィルは複合体としてタンパク質に結合して安定に保たれ、この複合体は活性のある反応系に連結して存在しています。

したがって、大まかには、普通の緑の色（クロロフィル含量）は光合成活性に比例していると見なすことができます。このような考えに基づいて見積もった場合、しばしば見られる緑の根の光合成活性（二酸化炭素吸収量）は、葉の場合に比べると圧倒的に少ないのが実態ではないかと思われます。

ご指摘のように、海水と平衡関係にある大気中の二酸化炭素濃度の増加が、ややアルカリ性のpH特性を持つ海水の水素イオン濃度のわずかな増加（酸性化）を導いている実態が明らかになりつつあります。植物の種によって許容範囲には大きな違いがあるようですが、生物が快適に生育できるpH範囲は、一般には意外と狭い場合が多いものです。そのため、数値としては小さなpH変化であっても、海藻などの生育にとっては深刻な事態となることが懸念されます。

Q32 樹木にできる「こぶ」は、何が原因でできるのか？

ニセアカシアやカエデ類といった樹木の幹、とくに地面から2～3ｍくらいまでのところに、直径30㎝になるような「こぶ」ができていることがあります。そのこぶは1個だけの場合もありますが、多くは大小さまざまなこぶが重なるように幹を覆っていて、とくに幹の直径が1m前後になる老齢樹でよく見かけます。また、ニセアカシアにできるこぶは、サクラのこぶ病に似ていて表面がごつごつしていますが、ケヤキやカエデ類にできるこぶの樹皮は、ごつごつしている部分もありますが、正常な樹皮と変わらない部分が多いようです。

ニセアカシアやケヤキ、カエデ類などの樹木にできるこぶは、細菌感染が原因で大きくなるのでしょうか。それとも、老齢樹になると樹木自体に生理的な植物ホルモンの異常が起きて、あのようなこぶができるのでしょうか。（自営業）

ご質問から判断する限り、ニセアカシアやカエデ類などの幹にできる「こぶ」は、植物にできる腫瘍の一種の根頭癌腫（こんとうがんしゅ）病と考えていいでしょう。ただし、その多くは根と茎の境界部分（地面に接している部分）にできます。それなのに高い位置にできているので、別の病気かもしれないと思われたのでしょう。

実は、半世紀以上前から「二次こぶ」という現象が報告されています。ご質問の「2～3mく

図5－5　ヤマナラシのこぶ
地面近くのものが「一次こぶ」、その上は「二次こぶ」と思われる。

らいのところにできるこぶ」も、その「二次こぶ」ではないかと思われます（図5－5）。

根頭癌腫病は、クルミ、アーモンド、リンゴ、サクラ、バラなどでも報告があります。土壌中に生息するアグロバクテリウム・ツメファシエンス（*Agrobacterium tumefaciens*：根頭癌腫病菌。現在ではリゾビウム属に分類されているが、本書では以下、アグロバクテリウムと呼ぶ）というありふれた細菌の感染によって引き起こされ、感染した幹の細胞が増殖してこぶができるのです。

アグロバクテリウムは土壌細菌なので、まず植物の地面に近い部分にできた何らかの傷から感染し、最初は根と茎の境界部分に「一次こぶ」をつくります。それからしばらくして（数ヵ月から数年にわたることもあります）、傷による明瞭な感染部位がなくても、地上部の高い位置に二次こぶが形成されることがあります。

老齢の樹木に二次こぶができるのはたいへん興味深い現象ですが、今でもその理由はわかっていません。おそらく、一次こぶの中で増えたアグロバクテリウムが、維管束や細胞間隙（細胞と細胞の隙間）を伝って植物の体内を移動し、傷ついた細胞に出合うと感染し、細胞増殖を誘発して「二次こぶ」ができるのではないかと考えられます。

では、ご質問のように植物の種類によって、こぶの形が異なるのはなぜでしょうか。

アグロバクテリウムは、植物に感染すると、その細胞内にいくつかの遺伝子を注入します。すると、その遺伝子は細胞核に入り、染色体に組み込まれます。染色体に組み込まれたアグロバクテリウムの遺伝子の中には、植物細胞の増殖や分化に影響を与えるオーキシンやサイトカイニンなど、植物ホルモンの合成に影響を与える複数の遺伝子があります。それらの遺伝子の機能発現の程度やバランスは、感染する植物の種類によって異なると考えられています。そのため、植物によって、こぶの形が違ってくるのかもしれません。

実際に、サイトカイニン合成に関わる遺伝子の機能が上昇すると、こぶの表面に普通の葉や芽とは形の異なる異形葉・異形芽ができます。一方、オーキシン合成に関わる遺伝子の機能が上昇すると、表面に異形な根をもつこぶができます。そして、両者のレベルがともに高いと、不定形な大きなこぶができます。

しかしこれで、こぶの「ごつごつ」感や「樹皮のような」部分の理由が説明できるかはわかり

ません。もしかしたら、まだ知られていない遺伝子の働きによって、こぶの形が支配されている
のかもしれません。

第6章

植物ホルモン

植物のふるまいを司るシグナルの秘密

Q33 気温が下がると落葉を促す植物ホルモンが分泌されるのはなぜか？

気温が下がると、なぜ落葉を促す植物ホルモンが分泌されるようになるのですか。植物はどうやって気温の変化を感じているのですか。（高校生）

まず、一つめのご質問から考えてみましょう。

落葉樹の葉が落ちる現象については、多くの研究があります。本書のQ21でもモミジや落葉の仕組みについて説明しているので、そちらもご参照ください。

落葉と植物ホルモンの関係でいうと、落葉はオーキシンとエチレンという二つの植物ホルモンのバランスで起きます。若い元気な葉は葉身でオーキシンを合成し、そのオーキシンは葉柄を通って茎から根へと送られています（オーキシンの極性移動）。

晩夏から秋にかけて気温が低下すると、光合成活性やその他の生化学反応が遅くなり、葉は次第に老化します。この老化がはじまると、オーキシンの合成も遅くなり、やがて合成しなくなります。さらに老化が進むと、葉緑体も分解されて緑色がなくなり、黄色になったり、アントシアニンが合成されて赤くなったりして紅葉します。

葉身のオーキシン合成が止まって葉柄内のオーキシン濃度が低下すると、葉柄の基部に離層という細胞層ができてエチレンをつくりはじめます。エチレンは離層細胞に働いて、細胞と細胞の接着を弱める酵素の合成を促します。この酵素の働きによって離層細胞間の接着が弱まり、そこへ風などの外力が加わると簡単に葉が離れてしまう、というわけです。

つまり、気温が下がると老化がはじまってオーキシン合成が止まり、離層組織でエチレン合成がはじまるのが、落葉する要因の一つと考えられています。実験的に葉身側からオーキシンを与え続けると低温でも落葉しませんし、エチレンを与えると若い葉でも落葉します（エチレンはオーキシンの極性移動を阻害し、老化を促進する働きもあるため）。

ただし、葉の老化は、気温の低下だけではじまるとは限りません。細胞や組織、器官は、成長から成熟を経て老化という過程をたどりますが、それぞれの過程の長さは遺伝的に決められているようです。

また、常緑樹も落葉します。ただ、落葉樹のように落葉がいっせいに起きるのではなく、葉によってバラバラに起きるので、常に緑色の葉があるために「常緑」となっています。常緑樹の葉の寿命は通常一年以上で、多くの葉は冬の低温を生き抜きますが、ある期間が経つと老化がはじまって落葉すると考えられています。

では、二つめのご質問「植物はどうやって気温の変化を感じるか」についてです。

これはとても難しい問いで、何が、どうやって気温変化を感じているかはまだわかっていないことが多々あります。植物が温度の変化（温度差）を感じていることは間違いなく、亜熱帯や熱帯地域に生育している植物を低温におくと、生育が止まったり、枯死したりします。また、高山帯や高緯度地域に生育する植物は、冬の低温を感知して、氷点以下になっても死なないような準備をします。

生化学反応の速さは温度に依存して変化しますが、光合成反応は生体膜系の中に組織化された酵素群の複合体でおこなわれますので、温度に特に敏感です。生体膜はリン脂質の分子が向かい合って平面に並んだ脂質分子の二重層でできていて、膜の中にはさまざまなタンパク質や酵素類が組み込まれています。組成は、細胞膜、ミトコンドリア膜、葉緑体膜、液胞膜、小胞体膜などで異なりますが、基本構造は同じなので、まとめて生体膜と呼んでいます。

このリン脂質二重層の脂質と組み込まれている機能タンパク質類は、常に流動性があって初めて正常な働きをすることがわかっています。油脂のバターが低温下では固くなるように、生体膜脂質も低温では固くなるので、流動性が低下し、働きが悪くなります。寒い地方に生育する植物の生体膜脂質は、低温でも固まりにくい脂質からできています。このような例は、生体膜脂質の組成の違いが温度を感知しているといえます。

しかし、これはほんの一例で、他の仕組みで温度を感知していると考えざるを得ない例があります。例えば、チューリップやクロッカス、マツバボタンの花は、ある温度（20℃くらい）以上になると開き、それ以下になると閉じます。花がくたびれない限り、何回でも温度に反応して開閉を繰り返します。また、秋まきコムギは、秋に発芽した幼植物が冬の低温の間に花成反応が起きて、春に花を咲かせます。多くの球根や冬芽、種子の休眠は、低温で破られます。

どのように温度を感知しているかはわからないことが多いのですが、共通していることは、温度変化がさまざまな生理的反応（生化学反応を含む）の速さや開始に影響しているということです。

このような温度感知の仕組みを解き明かそうと、現在、活発に研究が進められています。

Q34 植物ホルモンにはそれぞれ成長に作用するための最適な濃度があるのか？

高校の授業で、主に成長（伸長）を促すオーキシンを取り上げます。オーキシンには器官での感受性の違いや最適濃度があることを説明し、さらに頂芽優勢や重力屈性の話題へと広げていきます。しかし、オーキシンは遺伝子発現に関与しているのに、それが過剰になると遺伝子が発現しない理由がわかりません。そこで、次の2点について質問します。

①オーキシンが過剰にあると茎の伸長が阻害される理由は？

②オーキシン以外（例えばジベレリン）にも最適濃度があるのか？（教員）

ご質問それぞれについてお答えします。

①過剰なオーキシンが茎の伸長を阻害する理由

植物ホルモンのオーキシンによって引き起こされるエチレン生成が、伸長阻害の主な原因と思われます。オーキシンには茎の伸長促進効果がありますが、同時にエチレンの生成量を増やす働きもあります。そのエチレンに、茎や根の伸長成長を阻害する作用があるのです。

オーキシン濃度が1～10マイクロmol（10^{-6} mol）／L程度までは、生成されるエチレンの茎の伸長阻害効果は、オーキシンの伸長促進効果を抑えるほど強くありません。しかし、それを超える濃度では、オーキシンの伸長促進効果よりも大きくなります。そのため、茎の伸長だけを見ると、オーキシンの伸長促進効果は、ある濃度で最大の効果を示したのち、次第に低下することになります。つまり、オーキシンには見かけ上の最適濃度があるということです。

しかし、根では事情が少し違うようです。根ではオーキシンが伸長促進を示す濃度は極めて低く、植物体内にもともと存在するオーキシン濃度が、ほぼ最大の伸長促進効果を示すようです。そのため、外からオーキシンを与えると、10ナノmol（10^{-9} mol）／Ｌ程度の濃度で、早々と伸長阻害を引き起こします。ただし、この伸長阻害については、エチレンが原因だとする実験結果と、そうではなくオーキシン自体に阻害効果があるとする実験結果の両方があります。

②植物ホルモンの最適濃度

ジベレリンの生理的濃度の範囲（最大０・１ミリmol／Ｌ程度）では、最適濃度は観察されません。たとえ過剰に投与しても、伸長促進やオオムギ種子のアミラーゼ生成誘導効果は飽和しており、効果が低下するという観察は報告されていません（ジベレリンはイネ科種子の発芽の際に、デンプンを分解する酵素、アミラーゼの生成を引き起こします：Ｑ25参照）。その他の植物ホルモンについても同じと考えて差し支えないと思います。

しかし、ここで「生理的濃度の範囲」と制限したのは重要です。どのような物質でも過剰に与えると、普通は特異的効果とは別の効果（生理的には害効果）が現れます。また、植物ホルモン間には相互作用があります。そのため、一つの植物ホルモンの濃度を変えると、すでに組織内にある別の植物ホルモンとの量比が変わるので、相互作用の質が変わって別の効果が現れることもあり、見かけ上の「最適濃度」が現れることはあり得ます。

植物ホルモンは信号伝達系を通して、それぞれ遺伝子発現の調節をおこない、さまざまな生理作用（例えば細胞伸長など）をもたらします。しかし、その信号伝達系は直線的ではなく、途上にたくさんの抑制的遺伝子、促進的遺伝子などの発現と、それらの相互作用を介したジャングルジムのような三次元的な、あるいは時間軸を加えれば四次元的なネットワークになっています。そのため植物ホルモン濃度のわずかな違いで、遺伝子群発現のバランスも生理的効果も違ってくることは十分に考えられます。このレベルでの理解も、現在はまだ十分ではありません。

Q35 重力方向に動く植物ホルモンのオーキシンは、根にたどり着いた後、どうなるのか？

植物の成長と植物ホルモンの関わりについて調べています。文献によると「オーキシンは芽でつくられ、重力方向に移動しながら濃度によって各部位で成長促進剤として働いている。ただし、根においては低濃度なら成長促進剤となり、高濃度なら成長抑制剤となる」とありました。ここで質問があります。

オーキシンは重力方向にしか移動できないのであれば、根にたどり着いた後はどうなるのでしょうか。そこに高濃度にたまったオーキシンは、植物体から放出されるのでしょうか。それとも分解されるのでしょうか。（会社員）

オーキシンは主に芽の先端でつくられ、茎や根の内部にある水分や養分の通り道（維管束）の周辺の細胞（維管束柔細胞）を通って、根の先端方向に輸送されます。各細胞の細胞膜には、オーキシンを取り込むタンパク質と排出するタンパク質があります。とくに重要なのは、オーキシンを排出するＰＩＮタンパク質です（図６－１）。

茎や根の維管束柔組織のすべての細胞で、ＰＩＮタンパク質は常に根の先端に近い側の細胞膜にあるため、オーキシンは根の先端方向へと輸送されます。根の先端方向へ移動することから重力方向への移動のように見えますが、そうではなくＰＩＮタンパク質の配置に従った輸送（極性輸送）なのです。一方、根の先端近くでは、ＰＩＮタンパク質は表皮細胞にもあり、そこでは根の先端から遠い側の細胞膜にあります。そのため根の先端近くの表皮では、オーキシンは先端から離れる方向に流れます。つまり、先端にたどり着いたオーキシンはそこで高濃度にたまってしまうのではなく、戻っていくのです。

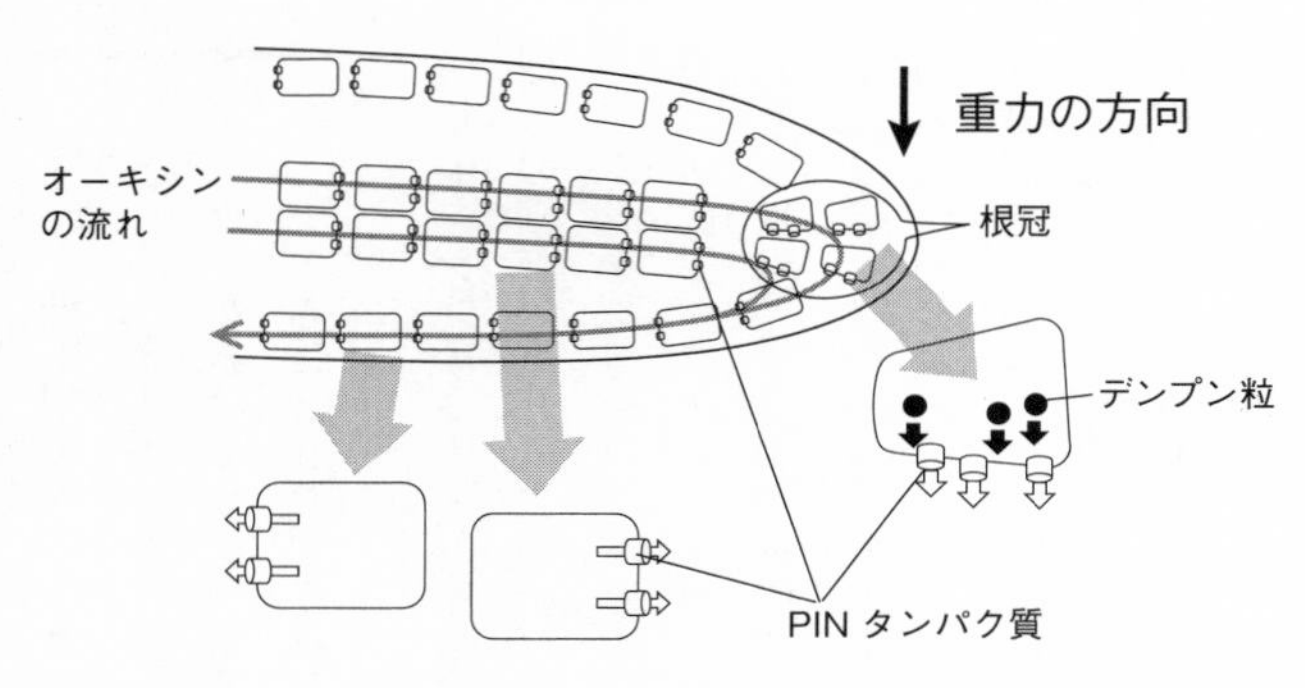

図6－1　オーキシンの流れとPINタンパク質

根の先端（根冠）の細胞でのＰＩＮタンパク質の配置は重力の影響を受けます。植物を図６－１のように横たえると、根冠の細胞にあるデンプン粒が重力で沈降し、下になった側の細胞膜の方にＰＩＮタンパク質が移動します。すると根の先端に到達したオーキシンは、細胞の下側に流れるため、下側のオーキシンの濃度が高くなります。根ではオーキシンは成長を阻害するように働くので、下側の表皮の伸びが悪くなり、根は重力に向かって屈曲することになります（正の重力屈性／屈地性。向地性ともいいます）。

地上部では茎の内皮細胞が根冠と同じ役割を担っていて、植物を横たえると、やはり下側のオーキシンの量が増えます。茎ではオーキシンは成長を促すので、茎は重力に逆らった方向に伸びることになります（負の重力屈性）。

さて、根にたどり着いたオーキシンは、最初に述べたように先端から離れる方向に移動するのですが、最終的に放出されるのか、分解されるのかという点はまだ十分に検討されていません。ただ、ある種のオーキシン（インドール酪酸）は根から外に放出されるらしいことがわかってきています。一方、主要なオーキシンであるインドール酢酸については、放出されるかどうかがまだはっきりしていないようです。

しかし、インドール酪酸とインドール酢酸は、酵素によって互いに変換されるので、オーキシンは根から外に放出される可能性があると考えていいでしょう。その放出が、植物のオーキシンの量に大きく影響するような速度なのかどうかは、やはり未解明で、今後、明らかにされなければならない点だと思います。

また、植物はオーキシンを酸化によって分解したり、アミノ酸や糖に結合して不活性な形にしたりします。このような分解や不活性化は、オーキシン濃度の高い根端で盛んにおこなわれると考えられています。ただし、実際に植物のどの場所で、どれくらいの速度で分解や不活性化が起きているのかについても、まだよくわかっていません。

第7章

動き・成長

ダイナミックな動きや学習まで！植物の力にまつわるナゾ

Q 36 樹木の根がアスファルトを持ち上げるのは、どのような仕組みによるものか？

街路樹の根によってアスファルトや舗石などが持ち上がっているのをよく見かけます。自分なりに調べた限りでは、「栄養を求めて根が伸びるにしたがい、その根元が太くなって舗石が持ち上がる」とありました。

しかし、根元が太くなるといっても、微視レベルでは細胞が分裂して数が増えるのだと思います。細胞分裂に必要な一瞬一瞬を考えると、土や舗石の重みは皮を通して連続的に個々の細胞にかかっており、細胞分裂で少しでも根の体積が増えること自体、不思議です。ましてや、舗石などを持ち上げるような機械的な力が発生することは、どうしても想像できません。

ネットで見つけた情報に、「根の最外層は表皮で覆われ、その内側には皮層があり、その最内層には内皮があって、木部と篩部を含む中心柱を囲んでいる。根の先端には根冠で保護された根端分裂組織があり、根はここで成長している」とありました。ということは、根元では私の想像するような細胞分裂は起きておらず、すでに機械的抵抗力を備えた組織が水分を吸収して肥大するだけなのでしょうか。それとも舗石や土の重みも、細胞レベルの面積あたりに配分されれば、十分に耐えられるほど軽いということでしょうか。例えば、ごく単純化して1㎡に1トンがかかっているとすると、1㎟に1gとなります。これは細胞骨格の強度や分裂時の染色体の動き等にとって、耐えられる圧力なのでしょうか。（自営業）

街路樹の根元の舗石が持ち上がっていたり、雑草がアスファルトの隙間を突き破って伸び出してきたりと、「植物って力持ちだな」と感じる場面に遭遇することがあります（図７－１）。そのことを理論的に理解されたいというご質問かと思います。

さて、根が太くなるときに組織を膨張させようとして働く力が、舗石を持ち上げるわけですが、ご質問では、そうした力が細胞分裂で細胞が増えるとき発生すると考えているように思います。しかし、植物の細胞分裂の場合、細胞の中央に仕切りが入って元の半分の大きさの細胞が２つできるだけなので、細胞分裂それ自体では、組織の拡大とそれに伴う力の発生はありません。むしろ細胞分裂の結果、大きさが半減した細胞が再び成長し、大きさを回復して次の細胞分裂に備える過程で組織が拡大し、そのときに力が必要となります。つまり、組織を膨張させる力は、細胞分裂ではなく、細胞成長において働くと考えられます。

図7－1　舗石を持ち上げたソメイヨシノの根

植物細胞の成長は、細胞内外の浸透圧の差に応じて細胞外から細胞内に水が流入し、細胞を膨らまそうとする力（膨圧）が発生することによります。浸透圧は、細胞膜のような半透性の膜をへだてて、溶けている物質の濃度が薄い方から濃い方へ水が移動しようとして生じる圧力です。多くの場合、植物細胞のまわりの液は純水に近く、その浸透圧はほぼ0なのに対し、細胞内の浸透圧は、一般に数気圧あるので、外から細胞内に数気圧の力で水が流入し、細胞壁に同じだけの大きさの膨圧がかかります。この膨圧が、植物細胞を成長させる原動力、ひいては舗石を動かす力となります。今、仮に細胞の浸透圧が７気圧（ユキノシタの表皮細胞など）の場合、１気圧はほぼ１kg／㎠に等しいので、膨圧は７kg／㎠となります。１００㎠で７００kgという非常に大きな力なので、街路樹の根が舗石を動かすのに十分な力を潜在的にもっているといえるでしょう。

ご質問にある、細胞骨格や染色体との関連ですが、先述のとおり、舗石を動かす力として細胞分裂に関わる細胞内の構造は無関係と考えられます。ただ、圧力が細胞骨格や染色体に何らかの影響を与えないかという問題は別にあるでしょう。ご質問中の１g／㎟は、自然に存在する、先述で計算した膨圧値７kg／㎠＝70g／㎟よりもはるかに小さいので、特別な影響はないと考えられます。ただし、間期の細胞の表層に存在する微小管の配列が、浸透圧や外部から与えた力によって変化することが最近報告されています。

なお、根が太くなる仕組みですが、根には先端部に根端分裂組織があるだけでなく、根の側面全体に沿って、維管束形成層とコルク形成層という分裂組織があります。前者は、いわゆる形成層のことで、木部（道管などを含む）と篩部（篩管などを含む）の細胞をつくり出しながら根を太くします。後者は、太くなった根の皮の部分をつくります。地上部の幹が太くなるのと同じ仕組みです。

Q37 タンポポは花が咲き終わった後、種子ができるまで横に倒れているのはどうしてか？

国語の教科書に「タンポポは実が熟すまで、茎は低く倒れています」と書いてありましたが、どうして倒れるのですか。観察してみたら、1日くらいしか倒れていないようで、実が熟すより前に立ち上がります。（小学生）

タンポポの花が咲いた後の動きは不思議ですね。

さて「どうして倒れるのですか」の「どうして」の意味が、「何のために」という理由を尋ねているのであれば、難しくて答えることができません。まれにですが、花が咲き終わった後、倒れずにいて、やがて再び伸びて、最後には綿毛を開かせるタンポポもあるので、必ず倒れなければならないということはないようです。

ご質問の「どうして」の意味が、「どのようにして」という過程を尋ねているのであればお答えできます。ただその前に、まずタンポポのからだのつくりについて説明しましょう。

タンポポの花は1つに見えますが、じつはたくさんの小さな花が集まってできていて、花弁のように見えるそれぞれが1つの花です。この一つ一つの小さな花を「舌状花（ぜつじょうか）」といい、舌状花の集まりを「頭花（とうか）」といいます。ここでは頭花を「花」としています。

　また、タンポポのつぼみや花を支えている茎を「花茎」と呼びますが、これは葉の付け根にある芽（腋芽）が伸びたもので、植物学的には側枝です。ですから、側枝に上側と下側があるように、タンポポの花茎にも上側と下側があって、それぞれ向軸側（こうじくがわ）、背軸側（はいじくがわ）といいますが、ここでは腹側、背側として説明をしていきます。

　では、本題に戻りましょう。普通の枝が斜め上に伸びていくように、タンポポの花茎も地表近くでは斜め上に伸びます。ところが、花茎は途中で立ち上がるので、つぼみや花に近い部分では垂直に近い方向に立つようになります。このとき、地表近くの花茎は腹側を凹型にして曲がり（図７－２①）、この形で伸びて、開花中の花を上方に持ち上げていきます。また、日が当たると花茎の陰になっているほうを伸ばして、花を太陽に向けるようにもしています。

　舌状花は外側から咲き出し、中心へと咲き進んでいきますが、すべての舌状花が咲き終わった頃、今度は凹型に曲がっている花茎の上の部分の腹側が伸び、凸型になるように曲がります。全体としてはＳ字型になります（図７－２②）。そこからさらに腹側が伸び続けるので、花茎は地表近くまで倒れてしまうのです（図７－２③）。

　ここで、なぜ腹側が伸びるのかはよくわかっていません。ただ、つぼみのときに花を取り除くと花茎は倒れなくなりますが、その花茎に植物ホルモンのオーキシンを高濃度で与えると倒れる

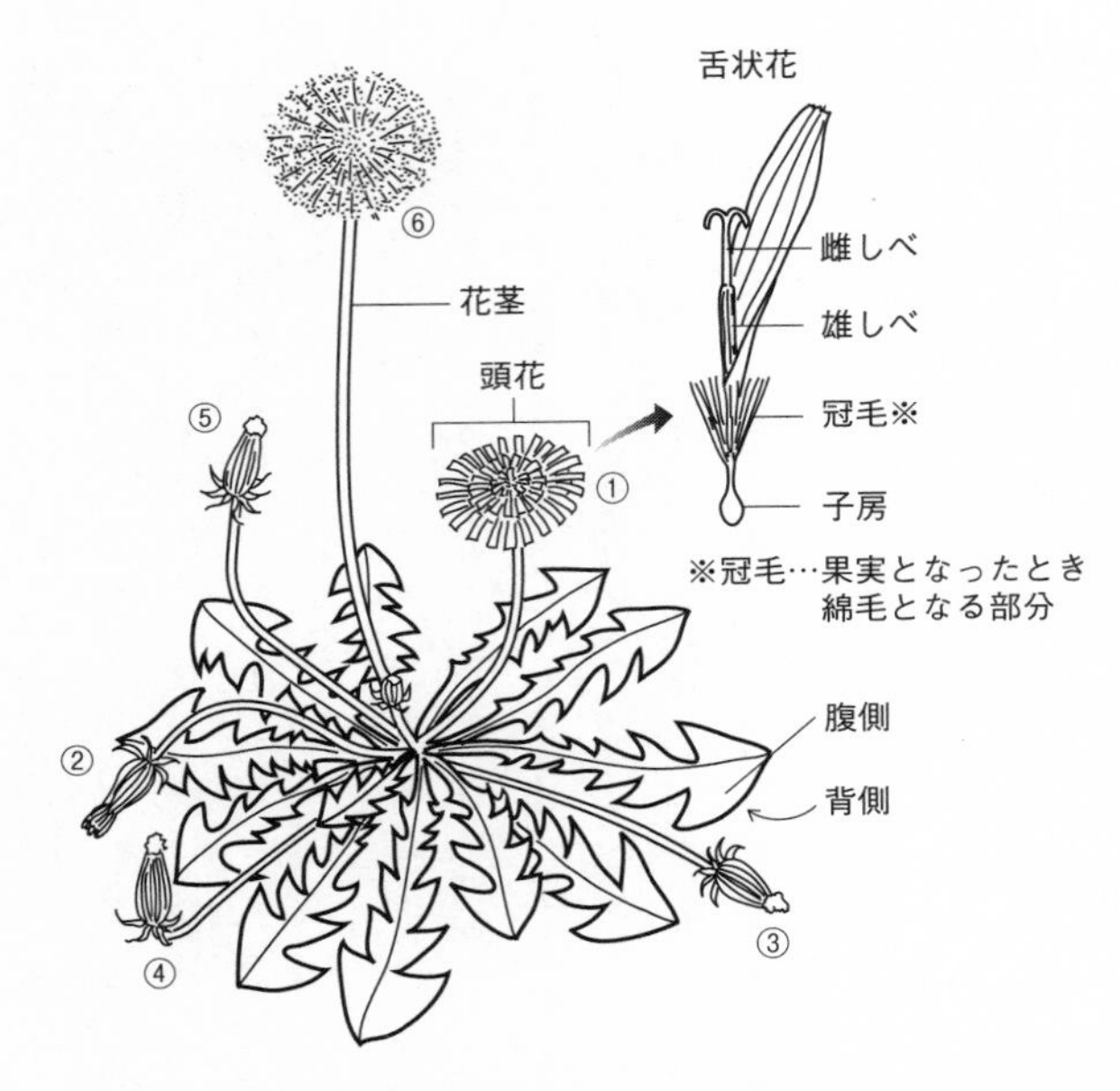

図7－2　タンポポの舌状花（右上）と、花茎が倒れてから立ち上がるまでの様子（①～⑥）

ことなどが明らかになっています。そして、受粉をさせないと倒れないこと、受粉後に花から花茎へのオーキシンの供給が増えることもわかっています。高濃度のオーキシンは、植物ホルモンのエチレンの合成を引き起こします。エチレンには葉や柄（葉柄）の上側（腹側）の伸長を促して葉を垂れさせる働きがあります（上偏成長）。

このようなことから、受粉によるオーキシンの供給の増大によってエチレンが生成され、エチレンの働きで花茎の腹側の伸長が促されて倒れる、という可能性が考えられます。タンポポでは調べられていないようですが、他の植物の場合、つぼみや花から花茎に送られるオーキシンの量は、花が咲いていく途中で最大になり、花が咲き終わるとほとんどゼロになることが知られています。タンポポでも舌状花が咲き続けているあいだは花茎がよく伸びますが、花が咲き終わって倒れているあいだはオーキシンの供給が悪く、花茎の伸びも悪いのだと考えられます。

ちなみに、植物を寝かせると立ち上がってきますが、この立ち上がりにもオーキシンが必要です。

こうして花茎全体が寝ているあいだに、咲き終わった花が首を持ち上げるように立ち上がります（図７－２④）。立ち上がるのは花茎の背側が伸びるからです。その後、花茎が伸びながら立ち上がってきます（図７－２⑤）。

多くの植物で、成熟中の果実から花茎へのオーキシンの供給がはじまることが知られています。タンポポでも成熟中の果実を取り除くと花茎の伸びが悪くなるので、倒れた後に立ち上がり、花茎を再び伸ばしはじめるのには、成熟中の果実から供給されるオーキシンが働いていると思われます。立ち上がりながら花茎がぐんぐん伸び、花を咲かせていたときの花茎の２倍以上にもなり、綿毛の開いた果実を飛ばします（図７－２⑥）。

Q38 ヤブツルアズキの実がねじれてマメを飛ばすのは、どのような仕組みか？

里山でヤブツルアズキの実を見つけました。小さな実ですが、黒く熟してくると莢が乾燥してパチンと弾けます。すると、クルクルっと莢が縦に巻かれて四方にマメを飛ばします。莢の繊維がそのような動きをさせると聞いていますが、このねじれる仕組みをもっとくわしく知りたいと思いました。ヤブツルアズキだけにかかわらず、マメ類の莢の仕組みや特徴について教えていただければと思います。（一般）

ヤブツルアズキの莢が、里山の静寂を破って弾ける一瞬の動きを捉えたご質問者の描写に感心しました。その瞬間を見たことはありませんが、ご質問の文章からその様子が目に浮かびます。

さて、莢の弾ける仕組みですが、ヤブツルアズキそのものに関するくわしい研究報告は、残念ながらあまりないようです。しかし、同じマメ科のダイズなどは、農業上重要なことからよく研究されています。また、莢が成熟する仕組みは、種子植物にとって重要な過程なので、植物生理学としてよく研究されています。いずれの過程にも、植物独自の細胞構造である細胞壁が重要な役割を担っています。

図7－3　マメ科のカラスノエンドウの莢と種子

ご質問に答える前に、まず、マメ科の莢（図７－３）が成長して弾けるまでの過程から復習しておきましょう。

アズキやダイズなどのマメ科の植物では、雌しべは１枚の「心皮（しんぴ）」という構造からできています。心皮は、葉と相同な器官で、２枚の皮に包まれた鯛焼きのような構造をしていて、背側と腹側の区別があります。腹側を縫合線（腹縫線ともいう）、背側を中肋（ちゅうろく）（背縫線ともいう）といいます。

心皮の中で、鯛焼きの餡に相当する部分には、数個の胚珠が腹側（縫合線側）に並んでいます。受精すると、胚珠は種子になり、胚珠を包んでいる心皮は莢になります。こうして、種子は、縫合線側で成熟します。このような構造の果実はマメ科に特徴的であることから「豆果（とうか）」といいます。

豆果は、成熟する過程で、種子も莢の組織も乾燥します。莢は何層もの異なる種類の細胞層からできています。乾燥の過程でそれぞれの細胞層は原形質を失い、細胞壁だけを残してシート状の構造となり、それらが重なって莢全体としては薄紙を重ねてできた厚紙のようなものになります。

成熟した莢の細胞壁の主要成分は、セルロースなどの多糖類とリグニンという高分子のフェノール化合物です。セルロースは水になじみやすく、濡れると伸びて、乾くと縮みます。一方、リグニンは、水をはじき、水に影響されない成分で、乾燥の前後であまり伸び縮みしません。重要な点は、莢が乾燥するときにできる細胞壁シートごとに、セルロースやリグニンなどの細胞壁組成が明確に異なることです。その結果、莢が乾燥すると、シート間で縮み具合に差がでます。その結果、シートが重なってできた厚紙構造の莢は、乾燥すると反り返ったり、場合によるとねじれることになります。これは、バイメタルが熱膨張率の違いで反り返るのと同じ原理です。

それでは、細胞壁シート間で、リグニンとセルロースの比率の違いを生み出す仕組みは何でしょうか。最近の研究から、その分子メカニズムがよくわかってきました。

農業上、重要なダイズは、収穫前に莢がねじれて弾けると、種が落ちて収穫できなくなり、収量が減るので大問題です。そのため、莢のねじれの少ない品種が栽培されています。その品種の遺伝子の研究から、莢がねじれる原因となる遺伝子を見つけ、*Pdh1*（莢の裂開1号という意味）と名付けています。

重要な点は、この遺伝子が、ダイズの莢の内側にリグニンをつくる働きをしている、ということを見つけたことです。その働きにより、莢の内側のシートにはリグニンが多くなるものの、外側はリグニンが少なく、代わりにセルロースなどの多糖類が多くなるのです。

しかし、莢が反り返っただけで、どうして莢が裂けるのでしょうか。これについては、莢の中肋（葉の中央部を縦に通る多細胞層の中央脈で、葉脈にあたるもの）や縫合線の組織が重要な鍵を握っています。

結論からいうと、莢が裂けるのは、中肋や縫合線部分の細胞壁の成分であるセルロースやキシランなどの多糖類が、酵素の働きで部分的に分解され、乾燥したときに裂けやすくなっていることによります。この過程は非常に精密に制御されていて、セルロースを分解する酵素を、成熟過程のどの時期にどの細胞層に作用させ、細胞壁をどのように分解させるかが正確にプログラムされていることがわかっています。

その結果、莢が乾燥して反り返る力やねじれる力が生じると、中肋と縫合線の部分が、まるで「切り取り線」の孔が空いているかのように裂けて、中の種子が飛び出すのです。これは、多くのマメ科に共通の莢が裂ける仕組みです。この仕組みを獲得したことで、マメ科植物は大きな乾燥種子を成熟するまで硬い莢の中で保護し、その後、一気にまき散らすことが可能になったのです。

細胞壁を酵素で線状に部分的に分解し、それにより切り取り線を引いて組織を切断する仕組みは、莢を割く以外にも、落葉や落花などのさまざまな場面で使っています。落葉は葉の付け根の離層と呼ばれる細胞層の細胞壁のセルロースなどを分解し、その部分を脱離しやすくして葉を落とす仕組みで、これも原理的には莢の裂開と同じです。

余談ですが、植物がねじれたり、曲がったりする現象は、莢の乾燥以外、いろいろなところで見られます。ウリ科の植物であるキュウリやヘチマの巻きひげは、何かの支柱に接触すると、接触した側の細胞の列だけで、細胞壁中にリグニンが合成されます。巻きひげの切り口を見ると、リグニンをもった細胞が非対称に組織内に分布していることがわかります。リグニンは、莢の細胞だけでなく、維管束をもつ植物では多くの組織の細胞壁でつくられます。リグニンは水をはじく性質があると述べましたが、同時に、細胞壁を硬くする働きももっています。そのため、細胞壁中にリグニンが合成されると、細胞はそれ以上、成長できなくなります。その結果、支柱に接触するまで盛んに成長していた巻きひげは、リグニンが合成された内側の接触面では成長が停止し、外側だけが成長して巻きひげが支柱をコイル状に取り巻くようになるのです。

このように、莢と巻きひげは一見まったく違った器官ですが、リグニンを含んだ細胞壁が縮んだり伸びたりしにくい性質をもっている点では、同じ原理でねじれたり曲がったりしているのです。

以上のような説明で、ヤブツルアズキの莢がねじれて、裂ける仕組みについて、おわかりいただけたでしょうか。この現象の主役であるリグニンは、３億６０００万年ほど前に、シダ類の進化の過程で植物が獲得した細胞壁成分です。その働きは、莢のねじれだけでなく、植物が陸上の厳しい環境の中で、乾燥や紫外線、外敵から身を護る役割や、土壌の水や養分を根から吸い、地上部の葉に運ぶための働き、さらに、大きな植物体を支える働きなど多岐にわたり、維管束植物の進化の核になる細胞壁成分といってもいいのではないかと思います。

ご質問者が、のどかな山里で見つけられた「ヤブツルアズキの莢が種を弾き出す一コマ」の中には、維管束植物が３億６０００万年かけて進化してきた歴史が詰まっています。野山を歩いて、植物の悠久の歴史をぜひお楽しみください。

Q39 「収縮根」の子球茎などは、どうやって地上に出ないように引き下げられているのか？

ユリやアヤメなどに見られる収縮根と呼ばれる根に関しての質問です。これらの植物の球茎は、地上に茎や枝を伸ばして花をつけ、地下では元の球茎よりも上に新しい球茎をつくり、その際に子球茎や子鱗茎が地上に出ないよう下方に引き下げる働きがあることを知りました。具体的には、どのようにして下方へ引き下げているのでしょうか。（大学生）

収縮根の役割についてはご質問の中に書かれていますので、ここでは根が縮むところの観察からはじめましょう。

土の中では観察しにくいので、ヒヤシンスなどの根が縮む植物を水栽培して根を観察します。根が縮んできたことは、根の表面に横ジワができてきたことでわかります。根の中のほうの組織（皮層）が縮んだのに、表皮が縮まらないことでできたシワです。

ここで実験です。縮みはじめた根を高塩濃度の液につけると、シワが消えてきます。縮みはじめた皮層の細胞が元に戻ったからです。この実験により、根が縮むのは皮層の細胞が吸水することによって起きていることがわかります。

普通の植物の根の皮層細胞では細胞壁のセルロース繊維が細胞長軸と直角に並んでいるので、吸水したときに細胞は横方向には伸長できず、縦方向に偏った伸長をします。しかし、ヒヤシンスなどのように吸水すると縮む根の皮層細胞では、細胞壁のセルロース繊維が長軸と平行に近い方向でヘリカル（らせん状）に並んでいるので、吸水すると横方向に伸長し、その分、縦方向の長さが短縮します。

こうして、子球茎や子鱗茎が地上に出ないよう下方に引き下げているのです。ちなみに、セルロース繊維の方向は細胞質表層微小管の並び方によって制御されていますが、微小管も長軸と平行に近い向きで並んでいます。

ついでですが、収縮根は新しく形成された球茎や鱗茎が地表近くにあるときに形成されますが、地中深くにあるときには形成されません。球茎や鱗茎は自分の位置を夜と昼の温度の違いで判断しているらしく、夜の温度を昼の温度より低くしておくと収縮根を形成しますが、同じにしておくと形成しません。

Q40 弱った木が季節外れでも実（種）をつけるのはなぜか？

昔から山によく行くのですが、葉が茶色くなって弱っているマツを見ると、冬場や春先でも、枝に少なからず松ぼっくりがついていることがあります。その他にも、春先に、マテバシイの根元や幹の腐朽したものにドングリをたくさんつけているのを見ました。以前、「弱った木は子孫を残すために実をつける」ということを、人から聞いたか、書籍で読んだかして知った覚えがあります。でも、なぜ弱った木は季節外れでも実（種）をつけるのかわからないので、教えていただけますか。（公務員）

ご質問は「季節外れでも実（種）をつける」ことについてですが、結実（種子形成）の前提である開花、さらにその前提である花芽の形成（花成）から考えたほうがいいと思います。

季節外れの開花は「狂い咲き」と呼ばれる現象が多く、その大多数は、夏にできた花芽が冬の間に休眠した後に開花する植物において、花芽は本来の季節に正常に形成されたものの、休眠に入れずに春を待たず開花してしまうものです。休眠を誘導、維持する植物ホルモンであるアブシシン酸を生産する葉が、台風害や虫害などで失われたような場合に花芽が休眠できず、秋に季節外れの高温の日が続いたときにつぼみが成長し開花してしまうと説明されています。

しかし、今回のご質問は、特に「弱った木」における季節外れの開花・結実なので、このような狂い咲きとは異なる現象と思われます。

植物は、強光、弱光、高温、低温、貧栄養、乾燥、機械的障害などのストレスが続くと、生育が抑制されて花芽ができることがあります。そのため、弱った木における季節外れの結実も、ストレスによる花成の結果であろうと思われます。

植物の多くは、それぞれの種に固有の決まった季節に花を咲かせます。季節の変化に伴って変化する昼夜の長さ（光周期）から、それぞれの種の花成にとって適切な季節になったと判断されると、花芽をつくる一連の遺伝子群が次々に働いて、最終的に花芽の分化が引き起こされます。この過程の中でもっとも重要な鍵となるものが、フロリゲンと呼ばれるＦＴタンパク質です。

一方、季節とは関係なくストレスで花を咲かせる場合は、前述の、花芽をつくる一連の遺伝子群が次々に働く過程がはじまるところに、光周期を感知するのとは異なる別の仕組みがあります。一般に、植物はストレスに遭遇すると何種類かのストレス物質をつくり、それによってストレスを避ける、耐える、順化するなどの反応を起こして不適な環境から自身を守ります。そのようなストレス物質の一つであるサリチル酸が、ストレスによる花成に関与しています。

つまり、花成が起こるには、光周期を介するルートと、サリチル酸を介するルートがあり、両者は途中で合流して花成という同じ結果に至るものと推測されています。ストレスによる花成でもFTタンパク質が必要であり、サリチル酸が直接、または間接的にFTタンパク質をつくらせるようではありますが、くわしいことはまだ明らかになっていません。

ご質問にあるように「弱った木は子孫を残すために実をつける」といういい方をすると、恣意的であり、科学的ではないといわれそうです。しかし、ストレスを受ければ個体の生存は危うくなり、そのようなときに起きる花成、種子形成によって次世代が生き残るという検証可能な事実を考えると、ストレスに応答した花成は、種として生き残るという生物学的な意義をもった現象であると見なせるので、そのような表現を使って差し支えないように思います。

Q41 バナナには種子がないのに、どうやって増やすのか?

種子のなさそうなバナナを、どうやって増やすのでしょうか。そもそも、バナナの木は、普通の木と違っているように見えます。どんな木なのでしょうか。（会社員）

日本では生で食べる生食用バナナが一般的ですが、東南アジア地域では煮たり焼いたりして食べる料理用バナナが重要な食料になっています。どちらも種子なし果実をつける品種が広く栽培

図7－4　果実をつけたバナナ

されていて、株分け、挿し木、接ぎ木、成長点培養などで株を増やしています。

　バナナは数メートルを超える大きな植物ですが、「木（木本）」ではなく、多年生の「草（草本）」で、一生に一度だけ果実をつけます（図7－4）。果実ができると地上部は枯れてしまいますが、地下部は生きています。地下部には塊状にふくらんだ地下茎（根茎）があり、これが側方へ枝を伸ばし、そこから新芽（吸芽）が出てきます。「株分け」は、この吸芽を次世代として栽培するのです。株分けした後、開花結実するまでには3年ほどかかります。

　ところで、バナナはなぜ「種子なし」なのでしょうか。その要因には、「単為結果性」によるもの、「種子不稔性」によるもの、「三倍体性」によるものなどがあります。

　単為結果性とは、受精することなく子房、花被、花托（たく）などが肥大して果実を形成する現象で、完全な種子ができません（不完全種子系統）。食用になる果実では珍しいことではなく、バナナの他にトマト、パイナップル、ミカンなどに見られます（実際は育種の過程でこのような系統が選択されてきたからです）。ある種の果樹では、植物ホルモンを使って人為的に単為結果を誘発させることもできます。代表例としては、ジベレリンの溶液につけることでできる「種子なしブドウ」があります。

種子不稔性は、受精しても胚発生が途中で中断されるため、種子ができない突然変異系統で、バナナ、ブドウ、モモにこの系統があります。

三倍体性は、染色体セットが奇数で正常な核組成の配偶子ができないため、種子ができないものです。普通の植物は、遺伝子が組み込まれた染色体を、父親と母親からそれぞれ1セットずつもらうので、2セットもっていることになります。これを「二倍体」といいます。二倍体植物にコルヒチンという薬剤をかけると、四倍体の植物が得られます。この二倍体と四倍体とを交配させると三倍体の種子ができます。

この三倍体の種子を育て、咲いた花の雌しべに二倍体の花粉を受粉させると、子房がふくらんで果実はできますが、種子はできません。三倍体は染色体セットが奇数（3セット）のため、生殖細胞ができるときに染色体を半分に分けることができず、花粉や卵細胞が正常につくられません。そのため種子ができないのです。

ニューギニア、インドシナ半島、インドにかけた地域で、不完全種子系統が長い年月（５０００年から１万年といわれています）をかけて選別され、その中から種子不稔性の突然変異系統が選ばれて、今日のほぼ完全な種子なし系統が生まれました。この他、現在では、自然発生した三倍体種子なし系統もかなり栽培されています。

Q42 ニホンタンポポがセイヨウタンポポと交雑できるのはなぜか？

ニホンタンポポとセイヨウタンポポが交雑しているということを聞きました。ネットで調べてみたら、セイヨウタンポポの花粉がニホンタンポポについて受粉し、雑種ができている、と出てきました。しかし、ニホンタンポポは二倍体で、セイヨウタンポポは三倍体で、そもそも生殖機能を失うはずの三倍体の生物が、なぜ花粉をもっているのか疑問に思います。例えば三倍体のスイカでは、機能しない白いタネができると聞きます。では、なぜ三倍体のセイヨウタンポポでは機能する花粉ができるのでしょうか。（高校生）

日本列島に生育するタンポポ属植物にはさまざまな種や変種があります。在来種のタンポポは、ニホンタンポポと総称されるカンサイタンポポ、トウカイタンポポ、カントウタンポポなどで、これらは二倍体で減数分裂が正常におこなわれるため、雌しべ、雄しべでつくられる卵子と精核の接合で次世代種子を形成します。しかし、ニホンタンポポは自家不和合性なので、雌しべの柱頭は、別の個体の花粉を受粉することが必要です。

一方、外来種のタンポポとしては、ヨーロッパ原産のセイヨウタンポポやアカミタンポポが知られています。ご質問にあるように、セイヨウタンポポは三倍体といわれてはいますが、実際には三倍体以上の奇数倍数体も混在しています。そして、その大部分がアロザイム分析（特定の酵素の電荷状態の違い〈多型性〉を指標として、違った個体間の遺伝的関係を解析する方法）や遺伝子解析（特にミトコンドリアの遺伝子の解析）などからニホンタンポポを母親としたセイヨウタンポポとの雑種ができていると推定されてきました。奇数倍数体であるセイヨウタンポポに受精能のある花粉が形成されるかが問題ですが、実際には花粉が形成され、それをニホンタンポポの柱頭に受粉させると雑種が形成されることが観察されています。

どのようにして花粉が形成されるかについては、三倍体では異常な減数分裂が起こり、染色体数が単相（x）の精核ではなく、複相（2xや3x）の精核をもつ花粉ができることが推定されています。これらの花粉がニホンタンポポの柱頭について接合がおこなわれると、次のような組み合わせの雑種ができます。

細胞質はすべてニホン型ですが、核はニホン型ｘ＋セイヨウ型3xの四倍体、セイヨウ型3xの雄性単為生殖の三倍体といった雑種です。富山大学の研究者たちの調査では、大学構内のセイヨウタンポポは三倍体、四倍体、五倍体、また、それ以上の倍体という多数倍体ができていることが確認されています。

Q43 植物も動物のように学習できる可能性はあるのか？

最近、植物が篩管（しかん）の伴細胞で刺激伝導をしているという話を聞きました。植物内で刺激の伝達をおこなっている回路網が、外部からの刺激によって動物の神経回路網のように変化していくのなら、植物が動物のような学習をおこない、またパブロフの犬のように異なる刺激による古典的条件づけが成立する可能性があるのではないかと思ったのですが、これは起こりえることでしょうか。（高校生）

ご存じのように、植物には外部からの刺激を鋭敏に感知する能力が備わっています。例えば、環境の光の微妙な違いを感知でき、赤色と青色、遠赤色、紫外線などを見分け、それぞれに反応します。光以外の環境因子についても、温度・におい（化学物質）・接触などの外部からの刺激を鋭敏に感じとり、光の場合と同様にその情報を体内で伝達し、記憶し、生理作用に反映させて生きています（刺激の反射）。

これらの情報の伝達過程は、動物の神経系に類似して、グルタミン酸やCa^{2+}イオンチャネルの関与がある場合も知られています。電気的シグナルとしてのCa^{2+}シグナルは、篩管や篩管伴細胞などを介して遠方の組織細胞に高速で伝達され、まだ傷害を受けていない葉を病原菌などへの抵抗性が高まるように変化させる可能性があることも暗示されています。

ところで、教科書的な知識によると、ヒトの記憶は階層構造を成しており、意識レベルの深さの順に、浅い方から「手続き記憶」、「意味記憶」、「エピソード記憶」の3層に区分することができるようです（E.Tulving の説）。この区分に対応させて考えると、よく見受けられる「最後に当たった光の色が記憶される」とか「経験した温度（低温）が記憶される」などの植物の記憶は、本質的には「手続き記憶」に相当するものであるといえます。行動が高次中枢に支配される動物の場合とは対照的に、太陽からの安定的なエネルギー供給に依存して生活する植物の記憶の特徴は、免疫記憶に似て、分散的であるものと理解されています。

そして、「植物は学習するのか」。これは難問ですが、「経験によって、行動（反応）が永続的に変化する」を学習の定義とすれば、植物には学習する能力があるといえます。しかし、パブロフの犬に見られる条件反射のような反応を植物に期待することはできないように思われます。なぜなら、大脳皮質をとり去った犬では条件反射ができないことから明らかなように、反射の「条件づけ」が成立（神経回路の条件結合）するためには、高次中枢の場が必要なのですが、植物には大脳のような高次中枢が存在しないからです。

それでも、植物の機能は、あたかも中枢があるかのように全体として上手に統御されている事実があるので、異なる刺激間の関連づけの解析は興味あるテーマであるかもしれません。

第8章

コミュニケーション

他の生物をも操っているかもしれない、多様な戦略

Q44 ヤドリギの起源はどのようなものか？

ヤドリギの繁殖過程は、寄生した植物で成長→花を咲かせる→実をつける→実を鳥が食べる→他の木でタネ入りの糞をする→寄生する、となるのだと思うのですが、ヤドリギの起源はどのようなものだったのでしょうか。ヤドリギの元となる地面から生えていた木があったのでしょうか。ヤドリギを見るたびに不思議に思います。（会社員）

ヤドリギ（図8-1）は、ヤドリギ科ヤドリギ属というグループに属している、130種ほどの植物のうちの1種です。ヤドリギ科には他に6つの属があり、すべて植物の茎に寄生する、ヤドリギと同じような生活をしている寄生植物です。日本にはこのうち、ヒノキバヤドリギというのが見られます。

以前は、マツなどに寄生するマツグミや、ヤドリギと同じように落葉樹に寄生するホザキヤドリギ、さらには、もっと南に生えていて常緑樹に寄生するオオバヤドリギなども、ヤドリギと同じ仲間に含められていました。しかし、近年、遺伝子の情報を使った進化の道筋の研究（分子系統解析）が進み、ヤドリギとは少し離れたグループであることがわかったため、オオバヤドリギ科という別の科が設けられています。

ヤドリギとその仲間の前置きが長くなりましたが、ヤドリギ科、オオバヤドリギ科が含まれるビャクダン目（目というのは、縁の近い科が集まってできる、もう一つ大きいグループのことです）は、現在知られている寄生植物の多くが属する寄生植物ばかりのグループです。根に寄生する全寄生植物（光合成をしなくなってしまった寄生植物）として知られるツチトリモチ科もビャクダン目に含まれます。

図8－1　**ヤドリギ**

そして、ビャクダン目の進化の道筋を、先に述べた遺伝子の情報を使う方法で調べると、おそらくこのグループも最初は独立して生活していたものの、やがて根で他の植物に寄生して生活するように進化したという方向が見えてきました。ビャクダン目の中には、ヤドリギのように茎に寄生して生活するように進化したグループが、ヤドリギ科、オオバヤドリギ科以外にもさらに3グループあり、ビャクダン目の範囲の中で最低5回は、茎に寄生するように進化したこともわかっています。

ここで興味深いのは、オオバヤドリギ科を含めた3つの科の中に、根に寄生する種類と茎に寄生する種類があることです。ここからわかることは、ヤドリギのような茎に寄生する植物の進化は、根に寄生する祖先から生じたということです。ヤドリギ科には根に寄生する種類はありませんが、縁の近い科の状態から考えて、同じように進化したのではないかと推測されます。

しかし、根に寄生する種類と茎に寄生する種類の間には、生活の仕方にかなり大きなギャップがあります。それは、「もともと根に寄生する植物が、すべての生活を木の上でおこなうようになるまでに一体何があったのか」ということです。ここがおそらくご質問者のいちばん知りたいことだと思いますが、残念ながらまだ明確な回答はないのが現状です。

ただ、一つの可能性を示していると思われる例が、中米から南米にかけて生えているガイアデンドロン（*Gaiadendron*）という寄生植物で見られます。ガイアデンドロンはオオバヤドリギ科に属し、オオバヤドリギ科の中ではかなり古くに他のものと分かれた系譜を持っています。根に寄生する植物ですが、陸上と樹上と両方に生育するのです。熱帯ではよく見られる現象ですが、温度・湿度が高い環境では、植物は樹上についた状態で、地上に根をおろすことなく生育できます。このような生活をする植物を着生植物と呼びますが、ガイアデンドロンの少なくとも一部の個体は、これら着生植物の根に寄生しているのです。

ここから想像をたくましくすると、根に寄生する植物→着生植物の根に寄生する植物→茎に寄生する植物と、少なくとも生活の場が樹上になる部分は説明ができるようになります。そうはいっても、ここから根→茎と、寄生場所を変えるところはまだよくわかりません。また、ガイアデンドロンの種子は鳥が食べることでまかれますが、ヤドリギの種子のように、まわりに粘る部分を持っていないので、枝に直に接着することもなさそうです。

まだわからないことが多く、しかも、どのように調べたらいいかという点でも簡単ではないので、十分なお答えにはなっていませんが、なぜこんな変わった植物がいるのだろうと、あれこれ考えるのは、とても楽しいことだと思います。

Q45 寄生植物の宿主がほぼ決まっているのはなぜか？

ナンバンギセルなどの寄生植物について調べていたのですが、なぜ寄生植物の宿主はほぼ決まっているのでしょうか。その植物でないといけない理由があるのでしょうか。（一般）

ある植物種と他の植物種（細菌類、菌類なども含め）との寄生、あるいは共生の例はたくさんあり、寄生（共生）が成り立つ仕組みを明らかにしようとする研究は盛んにおこなわれています。

ご質問の「なぜ寄生植物の宿主がほぼ決まっているのか」は、宿主特異性がどのようにして起こるのかの問題で、植物間の相互認識に関わる大きな課題です。しかし、寄生植物でもヤドリギのように宿主の範囲が広い（いろいろな植物種に寄生できる）ものから、ナンバンギセルのようにほとんどススキ（イネ科、カヤツリグサ科、ショウガ科にも）に限られるもの、根粒菌とマメ科との共生のように厳密に宿主を認識するものがあり、宿主特異性の仕組みは多様です。寄生の多くは、宿主の根を介する場合（根寄生）が多いので、根寄生の特異性について簡単にご説明します。

まず、宿主の根は、寄生植物の種子発芽を促進する特殊な化学物質を分泌します。一方、発芽した寄生植物の根は、宿主の根に接触し吸収根（吸器）を形成して侵入することが必要です。したがって、寄生植物の種子が宿主の根のごく近辺になければ寄生は成立しません。

寄生植物側は、どのような化学物質を認識して発芽するかが宿主の特異性を決めることになります。その化学物質としては、ストリゴラクトン、およびその関連物質が有名ですが、その他にいろいろな物質（既知の植物ホルモンを含む）が同定されています。宿主側はいろいろな関連物質の組み合わせ（量比を含め）を分泌するので、寄生側は複数の化合物の組み合わせを認識することで特異性が決まってくるようです。

発芽した寄生根は、宿主内に侵入後、成長を継続して宿主からの栄養供給系をつくり上げますが、その過程にも宿主側の化学物質が関与しているとされています。つまり、寄生側の種子の発芽促進と、侵入した（感染が成立した）寄生植物の成長促進（保証）があって初めて寄生が成り立つと考えられています。

ナンバンギセルの場合も、ススキの根から分泌される何らかの化学物質を認識して感染し、寄生が成立すると考えられますが、その詳細はよくわかっていません。

共生で有名な根粒菌とマメ科の場合も、宿主であるマメの根からある種のフラボノイドが分泌され、土壌中の根粒菌はフラボノイドに反応して根粒菌の種類（型）に固有の特殊な物質（ノッド因子と呼ばれています）を生産します。宿主マメの根毛先端は、この固有のノッド因子を厳密に認識し、根粒菌を巻き込むように変形して感染糸形成、根粒形成に至るので、マメの種と根粒菌の種（型）には高い特異性があることになります。

寄生、共生にはたくさんの組み合わせがあります。宿主種と寄生種との相互認識は両者がもつ化学物質を介していますが、認識幅がゆるい場合と厳密な場合があり、それぞれの仕組みは今後の研究に任されています。

Q 46 植物の花や苞の部分にあるネバネバは、どのような役割があるのか？

ネバリノギランやノアザミなど、花や苞（ほう）の部分に粘りのある植物がありますが、この粘りはチョウやハチなどの訪花昆虫との間に、何か共進化的な関係があるのでしょうか。また、そもそも、この粘りはどんな成分でできていて、どのようにつくられ、植物にとってどんなメリットがあるのでしょうか。（一般）

ご推察のとおり、花や苞の部分のベタベタは、昆虫たちとの関係で進化してきたと考えられます。しかし、植物たちと昆虫たちとの生態的関係である「ベタベタ関係」は単純ではなく、ときに非常に複雑で、驚くほど巧妙であることがわかってきています。

植物はいろいろなところ（部分）がベタベタです。このようなベタベタにする粘りのある液を一般に「粘液」と呼びます。粘液は、ご質問にあるような花や苞の周辺から、葉、茎、そして根の先端に至るまで、さまざまな場所の分泌細胞、腺点（腺体）や腺毛からにじみ出てきます。

粘液は、単純な糖液ではなく、多糖類や糖タンパク質も豊富に含んでいることが多いです。そのため、空気にさらされても、すぐに乾燥して粘りを失うことはありません。それら多糖類や糖タンパク質の種類はいろいろで、植物の種類や分泌する部分（器官）によって、また粘液の果たす役割（機能）によっても異なります。粘液の本質的な役割は、植物体表面の細胞を物理的障害から保護したり、乾燥した空気から保護（保湿）したり、雌しべの先端で花粉をうまく受け取れるようにしたりと多様です。

その中でも今回は、ご質問の昆虫たちとの生態的関係に絞って、粘液がどのような生態的な役割を果たしているかをお話ししましょう。

まず、ご質問の「ネバリノギランやノアザミなど、花や苞の部分」のベタベタと昆虫たちとの関係です。このベタベタは確かにチョウ類やハナバチ類などの訪花昆虫と関係しています。しかし、花の周辺のベタベタが、直接的にそれらの訪花昆虫に作用するのではありません。間接的に訪花昆虫の飛来を維持しているのです。訪花昆虫を呼びよせるために、植物は花の中に糖液（花蜜）などを用意します。それをアリたちなどの食害昆虫から防衛するために、まるで城の堀や穀物倉庫のネズミ返しのように、ベタベタが障害物として働いています。

ご存じのように、ネバリノギランやノアザミなどの花に訪れる昆虫たちは、花蜜や花粉を採食するためにやってきます。つまり、訪花は、植物が花蜜や花粉を食物報酬として与えるかわりに、訪花昆虫が花粉を運び出したり持ち込んだりする労働（送粉）のための関係と理解できます。

しかし、ここで問題となるのは、送粉しない昆虫にとっても、花蜜や花粉が栄養豊富な食物であるという事実です。そういうことから、植物は、チョウ類やハナバチ類といった送粉してくれる昆虫（送粉昆虫）だけとの労働契約を継続できるように、働かないで花蜜や花粉を盗むだけの昆虫を排除したいわけです。したがって、花を咲かせる植物の一部は、地上から花への侵入経路である花茎や苞をベタベタにすることで、送粉昆虫への報酬である花粉や花蜜を食害昆虫から防衛しています。ですから、植物表面のベタベタをめぐって、植物と送粉昆虫と食害昆虫の3者の生態的関係が成立していると理解できます。

さて、近年、植物表面で起こるベタベタ関係で、先述とは異なる非常に興味深い3者関係が起きていることが、「粘りづよい」研究者たちの探究で明らかになってきました。この3者関係では、ベタベタな植物が昆虫の糞から栄養を得ているというのです。それも、「消化酵素を使わずに」です。研究の話は、消化酵素を分泌しない奇妙な食虫植物からはじまります。

モウセンゴケのような食虫植物は、葉の表面に生える粘りつく腺毛にからめ捕られた昆虫を、粘液に含まれる消化酵素で溶かして、その溶けた液を葉の表面から吸収し窒素栄養源としています。しかし、南アフリカの湿地に分布する小低木のロリドゥラ（*Roridula*）属植物は、ベタベタの長い腺毛が生える細長い葉に、昆虫の死骸をたくさん付着させているのに、その分泌粘液には消化酵素が含まれていないのです。そこで、当初、研究者たちは、昆虫死骸からの窒素栄養を直接的に葉から吸収するのではなく、付着した昆虫の死骸を株の根元に落として、根から栄養を吸収しているのだろうと考えました。

ところが、そのベタベタの腺毛の上では、びっくりする関係が成立していたのです。なんと、腺毛にからめ捕られた昆虫を食べにくる肉食の昆虫（カスミカメムシ科のカメムシ）がいて、その肉食性昆虫の糞を植物は葉から吸収していたのです。つまり、ロリドゥラ属植物は、窒素に乏しい湿地の土壌から栄養を摂るのではなく、肉食性昆虫の窒素豊かな糞から栄養を摂っていたのです。このベタベタ関係では、カメムシは食物となる昆虫を飛び回って探すのではなく、ベタベタの植物の上を歩きまわるだけで小型昆虫を効率よく食べていたわけです。

しかし、研究者の次なる課題となる素朴な疑問が生まれます。「なぜ肉食性のカメムシは、腺毛のベタベタにからめ捕られないのか」です。これも詳細にわたって「粘りづよく」研究され、新たな事実がわかりました。それは、なんと、このカメムシは体表に特殊な脂質の層をもち、それが体表から剝がれて、あたかも絨毯（じゅうたん）のようにベタベタ粘液の上を包むように敷かれ、植物の上を自由に歩き回れるようになっていたのです。そして、今ではこのベタベタ関係は、カメムシとロリドゥラ属植物との相利共生の関係であると考えられています。

さらに、マディア（*Madia*）属植物においては、ベタベタが植食性昆虫の食害からの防衛を間接的に担っていることが明らかになりました。北米に分布するキク科の一年生草本マディア・エレガンス（*Madia elegans*）は、硬い短毛で覆われていてベタベタします。このベタベタに付着している小型の昆虫類の死骸が、いろいろな肉食性昆虫を呼びよせ、その結果、チョウなどの鱗翅目の幼虫であるイモムシの食害から、植物体を防衛しているというのです。

実際に、「肉食性昆虫の食物となる昆虫死骸の付着数が多ければ多いほど、植物はイモムシの食害を受けない」ことが実験で確かめられました。イモムシは植食性昆虫の中では大型で、少々のベタベタを気にせずに行動し、花芽や葉を食べてしまいます。しかし、イモムシは多くの肉食性昆虫の好物なので、ベタベタに付着した昆虫を食べに来た肉食性昆虫に見つかれば捕らえられます。ということは、肉食性昆虫がベタベタにからめ捕られた昆虫の死骸を食物報酬として、そのベタベタになっている植物をガードする労働をしていると理解できるのです。

こうして見てみると、植物たちと昆虫たちの「ベタベタ関係」は本当に濃厚です。

Q47 異なる科で似た香りをもつ花は、香りを真似して昆虫の訪花を狙っているのか？

花の香りは、近縁ではない種同士でも似ていることがあります。例えば、ニホンスイセンとロウバイ、ヤマユリとクサギなどで、たぶん同じ化学成分が多く含まれているのだと思います。そこで疑問なのは、植物が異なる科で似た香りになったのはなぜか、ということです。訪花昆虫には同じ植物に来てもらいたいはずだと考えますが、香りを真似すればお得意さんの昆虫が来てくれるかもしれない、という作戦なのでしょうか。（会社員）

花の特徴を訪花昆虫と結びつけて考えているということは、ふだんから植物を観察されている方の発想だと感心します。訪花昆虫が花を探す手がかりとして花の香りは機能していますから、香りによって昆虫が花を探索している場合、同じ香りを出すことで同種間の花粉移動が促進されます。これは香りに限らず、花の色や形も同様の効果をもっています。

さて、動物（昆虫以外の場合もあります）が花を探索する際に、どのような特徴を手がかりとするかは、動物によって異なります。逆にいえば、同じような種類の動物に送粉を依存している植物の花は、分類群が異なっていても同じような特徴をもつように進化していることがしばしばあります。これを送粉シンドロームといい、収斂（しゅうれん）進化（異なる分類群に属する生物が、同じ生態的地位にいるときに類似した外見や生態に進化すること）の一つといえます。

例えば、鳥が送粉する花は赤くてあまりにおいがないものが多く、夜行性のスズメガという蛾に送粉される花は白っぽい色でいい香りがするものが多くみられます。ただし、香りが似ていると感じられても、必ずしも同一の化学物質が放出されているというわけではなく、スズメガが送粉する植物の花ではテルペン類に属する化学物質が主成分であることが多いようです。

ヤマユリとクサギは、いずれも昼間はチョウ、夕方から夜にはスズメガに送粉されていて、香りの類似はまさにスズメガの送粉に適応した結果ではないかと思われます。ヤマユリではβ－オシメン、クサギではリナロールという、どちらもテルペンの一種が主成分です。

一方、ニホンスイセンとロウバイの香りが類似している理由は、よくわかりません。ニホンスイセンは、イスラエルのほうではスズメガが送粉しているという報告もありますが、ロウバイに関してはハエが主たる送粉者のようです。送粉者は異なっていますが、香りの物質としては酢酸ベンジルやβ－オシメンが主成分ということで共通しており、確かに化学物質レベルでよく似ています。植物の揮発性化学物質は、送粉者誘引以外にも、食害防御など別の用途にも関わっていて、別の理由により同じような香りになったのかもしれません。

ご質問にある「香りを真似すれば」というのは、花粉や花蜜といった報酬を送粉動物に提供しない「騙し花」ではありうる作戦です。しかし、特定の別種の花に似た香りを出す、というよりも、産卵場所に似た腐敗臭を出してハエを誘引する（コンニャクなど）とか、雌バチのフェロモンに似たにおいを出して雄バチを誘引する（オーストラリアのハンマーオーキッドなど）といった例がよく知られています。「なんとなく一般的に花っぽい見た目や香りである」ことで、経験の浅い昆虫の訪花を期待する例は多いようで、花蜜を出さないランなどもその一例です。

Q48 自らの成長を阻害する「アレロパシー」物質を放出するのはなぜか？

授業でアレロパシーについて学びました。植物が放出するアレロパシー物質は、害虫を寄せつけないようにしたり、雑草の繁殖を抑制したりする一方で、アスパラガスのように連作障害を引き起こす物質もあるという内容でした。植物が自らを守るために、アレロパシー物質を放出するのは理解できるのですが、自らの成長を阻害するような物質を放出するのはなぜなのでしょうか。改植すると確かに違う株にはなりますが、品種が同じであれば遺伝子的には同じ株だと思いますし、畑に植えてあるときは自分に悪さはしないのに、改植時になると悪さをしはじめるという点もなぜなのかよくわかりません。同種同士で競合しないように「いや地物質」というものを放出する

植物もいるようですが、たかだか50㎝程度の株間に植わっているアスパラガスが「いや地物質」を放出するとは考えられません。（高校生）

連作障害（いや地現象）とアレロパシー現象はよく似ていますが、少しばかり意味合いが違います。

連作障害は作物栽培上の問題で、栄養供給の不適正化、ウイルスを含む微生物、土壌線虫の感染、化学物質、土壌の物理的変化などの影響で収穫量が低下する現象のことをいいます。その原因は多岐にわたっていて、作物ごとに異なります。また、ここに挙げた化学物質というのは、さらに作物自身が分泌するもの、他生物残渣の分解産物によるものがあります。

一方、アレロパシーは、作物に限らず、植物が合成して分泌あるいは揮散される化学物質により、近隣植物の生理現象（発芽、成長、形態形成など）に影響を与える現象のことをいいます。アレロパシー物質に対する感受性は植物種によって異なり、アレロパシーが連作障害の大きな原因となる場合は多くあります。

アレロパシーが、食害虫の忌避や食害虫の天敵の誘引など、産生植物個体の生存にとって有利な仕組みとなっていることは間違いありません。しかし、より多く見られるのは、自己の生育地域に他の植物種が侵入するのを妨げて、自種群落を拡大させるという生態的仕組みとなっていることです。

　これらの場合、根から発芽阻害物質や生育阻害物質を分泌しています。また、落ちた葉や果皮の浸出液に阻害物質が含まれることもあります。発芽、生育阻害物質は、他植物種だけに有効ということではなく、自種の生育にとっても阻害効果があるものです。つまり、たくさんの個体が生育阻害物質を分泌しつづければ、濃度が上昇して、結果的に自家中毒を起こしてしまいます。そのため、大きな群落が形成されても長期間継続することはなく、次第に群落内の個体の生育が悪くなり、群落が小さくなっていくのです。

　このような例はたくさんあり、セイタカアワダチソウはその典型例でしょう。かつて日本中でセイタカアワダチソウの大きな群落が見られましたが、昨今はかなり貧弱な群落になっています。また、野生のヒマワリでも似たような現象が観察されています。大きな一つの群落になれず、環状に群落が発達するのです。どちらの場合も、生育が抑制された部分の土壌を掘り出して、新たに自種、あるいは他種を植えても、生育は阻害されることが確かめられています。

　結局のところ、阻害物質に対する感受性の違いを使い、他種の侵入を防いでいると考えられます。

　アスパラガスは多年生作物で、いったん植栽すると数年間あるいはそれ以上の期間、植え替えをしないことから、連作障害の原因はかなり複雑なものになっています。アスパラガス酸がアレロパシー物質と同定されていますが、野菜茶業研究所の研究によれば、連作障害の原因はそれだけでなく、フザリウム属菌類（立枯病、株腐病の原因菌類）の感染が主要原因のようです。アレロパシー物質の影響で株が弱体化し、フザリウム菌に感染しやすくなるのです。その他、長期間にわたって掘り起こしをしないので、土壌の物理的性質も変化し、それによる排水不良や栄養の不適正化などの結果、数年で連作障害が顕在化してくると推定されています。

改植については誤解されているかもしれません。連作障害の対策として、特に果樹などでおこなわれますが、古い土壌を除き、新しい（同じ果樹を栽培していなかった）土壌への入れ替え、あるいは旧土壌の活性炭処理などをして新しい株を植えることが改植です。土壌の入れ替えをしないところに新たな株を植栽しても、連作障害は回避できず、期待する収量は得られません。

第9章

環境

あらゆる環境で生き残れる巧みなメカニズム

Q 49 植物の二酸化炭素固定量に対する酸素生産量と、ヒトが排出する二酸化炭素量はどれくらいか？

地球温暖化と植物の生育面積との関係に大変関心があります。「植物」とともに生活できるような日本（特に都市）になってほしいと思っており、可能な限りその方向へ向かって生活や動きをしようと考えています。そこで質問ですが、植物の光合成による二酸化炭素の固定量や酸素発生量に対し、世界の76億人が排出する二酸化炭素量はどれほどでしょうか。その限度量もあわせてお教えくだされればありがたいです。

（会社員）

我が国のヒトが摂取する必要がある食物エネルギーは、1人1日あたり約2000キロカロリー（$2000 \times 10^3 \times 4.2 = 8.4 \times 10^6$ジュール：数値A）とされています（1994年、厚生省公衆衛生審議会）。これは、ヒトが健康を維持して活動するための最低限必要なエネルギーです。一方、国連食糧農業機関（FAO）は、世界平均値で食物摂取エネルギーとして2940キロカロリー（$2940 \times 10^3 \times 4.2 = 12.3 \times 10^6$ジュール：数値B）が消費されていると推定しています（2018年）。

数値Ａはヒトが生活していくための必要摂取エネルギー量で、現在でもほとんど変わっていないと思われます。一方、数値Ｂは、実際に食料として生産・消費されたものの熱量で、世界の人類は全体として過食の状態にあり、そのエネルギーは、生存に必要なものの他に、肥満、スポーツ、消化せずに排泄などにも多くまわっていると推察されます。ＦＡＯの値は、１９６０年頃は２０００キロカロリー／人／日という程度、あるいはそれ以下であったアフリカ、アジア（特に、中国、インド、東南アジア等）の食物摂取エネルギーが、２０００年代以降は著しく改善されたことを示しています。

では、光合成に目を向けてみましょう。光合成によって固定される二酸化炭素と放出される酸素のモル比（CO_2／O_2）をさす光合成商は、光合成産物が炭水化物だけであれば、以下の式にしたがって光合成商は１になります。

$$6CO_2 + 12H_2O \rightarrow C_6H_{12}O_6 + 6O_2 + 6H_2O$$

タンパク質や脂質が作られる場合には、これらの生成物が全体として還元的なので、その合成に多くの還元力を必要とし、多くの酸素を排出します。光合成商はそれぞれ平均０・８あるいは０・７となります。地球全体では、おおまかにいうと、光合成商は０・９程度と見積もっていいでしょう。

		10^{15}J/年	R1を基準とした比率	R2を基準とした比率	出典
P	地球表面が受ける太陽光エネルギー	260,000,000	11,000	7600	＊1
Q	一次純生産	4,200,000	180	120	＊2
R1	ヒトの食物摂取（厚生省）	23,000	1		＊3
R2	（同上FAO）	34,000		1	＊4
S1	化石燃料エネルギー消費	490,000	21	14	＊5
S2	エネルギー消費	600,000	26	18	＊5

Q：植物やプランクトンの総光合成から呼吸を引いた純生産（mol C/年）に、糖の生成エネルギー480 kJ/mol Cを乗じて求めた
R1、(R2)：1人あたりのエネルギーに世界の人口（国連2018）を乗じた
S2：化石燃料消費に、水力、原子力、再生可能エネルギーの消費を加えたもの

図9－1　人類の活動と地球規模でのエネルギー収支

＊1：Wild et al. 2013　＊2：Field et al. 1998　＊3：厚生省 1994　＊4：FAO 2015
＊5：Energy Institute 2023

さて、地球全体の二酸化炭素収支については、IPCC（Intergovernmental Panel on Climate Change：気候変動に関する政府間パネル）が、推定値を発表しています（最新のものは第6次評価レポートAR6 Synthesis Report: Climate Change 2023、気象庁のHPから邦訳もダウンロード可能）。この報告書の数値などをもとに世界の人々が消費しているエネルギー等をまとめたのが図9－1です。これを見ると、ヒトは、食物摂取エネルギーの18倍～26倍を消費することにより、現在の生活を送っていることがわかります。

　現在、人類の活動増大による二酸化炭素の排出が、地球環境全体の気候変動に及ぼす影響が懸念されています。地球全体で見ると、大気中の二酸化炭素濃度に顕著な増大傾向が確認されており、大気中の濃度は、産業革命前は約280ppm（約0・028％）であったものが、既に約420ppm（約0・042％）に達しています。二酸化炭素は赤外線を吸収し、地球から宇宙への熱放散を妨げるので、大気中の二酸化炭素濃度が上昇すると、地球全体が「厚着」をしていくことになり、地球温暖化を進ませることにつながるのです。

　このような二酸化炭素濃度上昇を引き起こす最大の原因は、化石燃料の燃焼です。次いで、ヒトの食糧生産のために森林を破壊して農耕地や牧草地に転換したことによる、木材の燃焼、腐植などの土壌有機物の分解（微生物による二酸化炭素の発生）、植物の光合成による二酸化炭素の吸収能力の低下などです。IPCCは、地球の平均気温上昇を産業革命当時から2℃以内に抑えるためには、地球全体の化石燃料からの二酸化炭素排出量を2050年までにほぼゼロにしなければならない、という予測を発表しています。

Q50 大気中の二酸化炭素濃度の上昇は、植物にどんな影響を及ぼすのか？

地球温暖化の原因となる大気中の二酸化炭素濃度が高くなっています。二酸化炭素は植物の光合成の原料で、必要不可欠なものではありますが、濃度が高くなりすぎると、逆に悪影響を及ぼすような働きをすることはないのでしょうか。（学生）

大気中の二酸化炭素濃度が上がると、植物にどのような影響があるかを予測するために、多くの研究がおこなわれています。現在の大気の二酸化炭素濃度は４１７ｐｐｍ（０・０４１７％）ですが（２０２２年）、例えば、これを2倍、あるいはもっと高くした状態で植物を栽培したとき、光合成や成長がどうなるかが調べられています。

一般的な方法は、ポット植えの植物を二酸化炭素濃度が高い施設内で栽培します。もっと大掛かりに調べる場合は、ＦＡＣＥ（Free Air CO_2 Enrichment）実験をします。森林や田畑の一部を二酸化炭素供給用のバルブをつけた柱で囲み、風向きや風速を観測しながら適当なバルブを開いて、柱で囲まれた部分の空気の二酸化炭素濃度を高く保つという施設です。森林でおこなう場合などは、二酸化炭素をタンクローリーで運んで放出することもあります。

このような実験の結果はさまざまで、二酸化炭素を高濃度で与えたほうが大きくなる植物もあれば、そうでない植物もあります。

光合成によってできた産物（光合成産物）は、根や茎などの光合成をしない器官の呼吸や、新しい器官の成長に使われたり、果実や種子などの貯蔵器官に運ばれたりします。光合成産物を使ったり貯蔵したりする器官（シンク器官）が、光合成をおこなう器官（主に葉）に比べて少ないと、余った光合成産物が葉に蓄積してしまいます。すると、光合成の働き（光合成活性）は低下してしまいます。

一方、相対的にシンク器官が多い場合は、二酸化炭素濃度が高くなると成長が促進されます。メロンやスイカの果実は、いわば巨大なシンク器官です。これらを温室で栽培する場合には、「二酸化炭素施肥」といって、二酸化炭素濃度を高めることが日常的におこなわれています。窒素やリンなどの無機栄養を十分に与え、二酸化炭素濃度を高めることで、成長を促進させるのです。

Q 51 地球から木がなくなると、どうなるのか？

地球から樹木がなくなると、どうなるのでしょうか。環境問題が話題となるなか、木が環境に与える影響について知りたいと思います。（学生）

地球から木（木本）がなくなると、光合成生物としては陸地には草（草本）だけが、海、川、湖には藻や植物プランクトンだけが生きていることになります。それがどのような世界になるか、考えてみましょう。

①地球では、陸地の草と木、それに海水、淡水中の藻、植物プランクトンが光合成をしていますが、地球全体の光合成の40％以上が木によっておこなわれています。

そこで、もしも木がなくなると、地球の光合成量が半分近くに減り、吸収される二酸化炭素の量が少なくなるため、大気中の二酸化炭素の濃度が高くなってしまいます。大気中の二酸化炭素が増えると、熱が地球から逃げにくくなるため、「地球温暖化」により気温が高くなります。これによって極地の氷が溶ける一方、海水が膨張して海面が高くなったり、気候が変化したりして、環境が大きく悪い方向へと変わるでしょう。

②木が生えている森林では、多くの草本植物、動物、昆虫、菌類などの微生物が、木と助け合っ

て生活しています。

そこで、もしも木がなくなると、森に棲む多くの動物や昆虫は絶滅するでしょう。また、亜熱帯や熱帯の海辺にたくさん生えているマングローブ林（図９－２）がなくなると、そのまわりに生息している魚やエビなどの水生生物も棲み家を失うでしょう。

図９－２　マングローブ林（西表島）

そして、木陰のような光の弱いところでしか生息できないシダ、コケなどの植物は枯れてしまいます。代わりに、草（草本）の中でも特に強い光に耐えられるイネ科などの草が生い茂る草原だけになってしまうでしょう。

③山に豊かな森林があると、雨水が森林の土壌に長い間保たれて、ヒトはこれを有効に使うことができます。また、山の土に含まれている植物の生育に必要な養分も、雨水によって流されにくく、落ち葉などは腐葉土のもとになって植物の生育を助けています。

そこで、もしも木がなくなると、山に降った雨がすぐに流れてしまうため、下流で洪水が起こりやすくなります。また、このとき、土や養分も一緒に流されてしまうため、山には草も生えなくなります。

森林地帯を流れる河川は、海のプランクトンの繁殖を支える栄養分を含んでいます。木がなくなるとその栄養分も少なくなって、海のプランクトンが減少し、その結果、魚類なども少なくなるでしょう。実際に、このようなことは、森林を伐採したときにしばしば見られています。

④身のまわりには、家屋、家具、鉛筆、木炭など、木を材料にしてつくったものが非常にたくさんあります。紙もすべて木材を原料にしたパルプからつくられています。

そこで、もしも木がなくなると、これらすべてがなくなり、プラスチックやコンクリートなどで代用しなければならなくなるでしょう。紙がなくなったら、新聞や本などは何に印刷したらいいのでしょうか。バイオリン、ピアノ、琴などの美しい音も聴けなくなるでしょう。果樹がなくなったら、カキ、リンゴ、ナシなどの果物は食べられなくなってしまいます。

木がなくなった地球の環境を、ほんの一部、考えただけでも、木がヒトの生活にどれだけ貢献しているかわかることでしょう。森林の樹木をぜひ大切に。

Q52 植物は細菌やウイルスに対する防衛策をもっているのか？

以前から疑問に思っていたのですが、ほ乳類などの複雑な免疫システムに比べて、植物は細菌やウイルスに対する防衛策をあまりもっていないように思うのです。
①感染による枯死のリスクを上回るだけ種子をつくる。
②抗生物質などによる免疫システムで十分に対応できる。
③動物と比べると、細胞壁のおかげで感染のリスクが回避できている。
このように考えてみたのですが、どうでしょうか。（学生）

厳密な意味では、植物でほ乳類のような免疫システムは見つかっていません。結論から先にいいますと、ご質問にある三つのお考えはいずれも正しく、特に②と③は正解です。

①について

確かに植物は、環境条件や天敵などで失われる以上に大量に子孫をつくり、子孫を残す戦略をとっています。カビの病気の一つ「うどんこ病」（寄生性が強い病気）に感染したムギ類も、次世代を残すための十分な種子をつくることができます。種子を採取できないくらい激しく枯れることもありますが、この場合も、発病は一地域や個体別に限られるようです。

一般に、一つの病原体が感染できる植物種は限られています。これを「宿主特異性」、あるいは「寄生の特異性」といいます。ですから、非常に強い感染性と症状を示して宿主の集団全体がダメージを受けるような病気は、いずれ地球上から消えてしまう可能性をもっています。

②と③について

例えば、カビ（植物の病気の80％はカビによって起こります）や細菌などの微生物に対しては、もともと備えているフェノール類、サポニン、アルカロイドなどの抗菌性物質の他、感染すると低分子抗菌性物質（総称して、ファイトアレキシンといいます）や抗菌性タンパク質などを生産して自らを守っています。これらの抗菌性物質は、比較的幅広い微生物に対して有効です。

また、細胞壁にリグニンやケイ酸をため込んで、カビや細菌に対して物理的により強固な防壁とすることも知られています。

一方、ウイルス感染に対しては、感染細胞のプログラム細胞死が大きな防御になります。ウイルスの複製過程に必須なタンパク質が欠けていたり、変異していたりして抵抗性を示すケースも見つかっています。また、ある細胞内でウイルスが増殖しても、隣の細胞や、さらに全身にそのウイルスが移行できない仕組みもあります。この実態については現在、研究中です。

人為的に弱毒ウイルスを接種しておくと、次に感染した強毒ウイルスに耐性をもつようになるという、ほ乳類のワクチンと似た現象もあります。また、タバコネクロシスウイルスや、抵抗性遺伝子をもったタバコに感染したタバコモザイクウイルスのように、侵入部に壊死斑ができるようなウイルスに感染すると、他のカビや細菌にも抵抗性を示す例もあります。

ある種の薬剤や熱処理などでこうした抵抗性を抑えると、本来の状態では感染しなかった病原体に感染するようになります。つまり、植物は、いろいろな仕組みで自らを守っているのです。

Q53 なぜ大群落をつくる植物があるのか？

ニッコウキスゲやコバイケイソウは、どうしてあのような大群落をつくるのでしょうか。（一般）

ニッコウキスゲやコバイケイソウが、亜高山帯の湿原や草原において大群落を形成する理由は、他種との競争力に優れているためだと考えられます。つまり、繁殖能力や環境適応能力が高いということです。

ただし、「大群落」は形成するものの、多くの場合、単一種からなる「純群落」とまではいきません。これらの植物は大型で、かつ花が目立つため、遠くまで一面を埋め尽くしているように見えますが、よく観察すると、群落内に他種が混ざっていることが多いのです。このことから、競争力が強いといっても、他種を完全に打ち負かすほど強くはないといえます。このような植物は「優占種」と呼ばれます。自然界のどんな植生にも、何かしら優占種が存在します。ニッコウキスゲやコバイケイソウの場合は、優占の度合いが高いということになります。

ニッコウキスゲやコバイケイソウの優占種としての強さは、無性繁殖（いわゆる株分かれ）にあると思います。両種とも地下部で緻密な根茎分枝をおこない、個体がパッチ（小面積の集合体）を形成します。パッチ内は物理的に他種が入り込みにくいほど茎葉が密集していて、一つのパッチだけを見れば純群落の様相です。

しかし、ある一つのパッチが広がって大規模な群落を形成するようなことはほとんどなく、ほとんどの場合、湿原や草原内に大小さまざまなパッチがモザイク状に点在し、パッチとパッチの間に他の植物が混交しています。それら多数のパッチは有性繁殖によって種子が広範囲に散布された結果、形成されたものです。ニッコウキスゲやコバイケイソウが、ササやススキのように完全な純群落を形成しにくいのは、地下茎の構造的制約により、個々のパッチが水平方向に拡大する速度が遅いためではないかと考えられます。

このような大群落の形成には、特定のアレロケミカル（他の植物の成長を抑える物質）の分泌によるアレロパシーという現象が関係しているのではないか、という考えをもたれるかもしれません。

しかし、この2種の優占にアレロパシーが関係しているという報告は、今のところ見当たりま

図９－３　アレチウリの大群落

せん。ニッコウキスゲやコバイケイソウが完全な純群落を形成しにくいことや、これらが小規模にしか出現しない湿原や草原もあること、人間の介入なしで、湿原や草原の植生が短期間（数年から十数年）で劇的に変化するような現象はほとんど見られないことなどを考慮すると、アレロパシー説には懐疑的です。

かつてアレチウリ（図９－３）やセイタカアワダチソウが外来種として侵入したとき、急激な植生変化が観察され、アレロパシーの効果として騒がれました（現在ではそれに否定的な見方もあります。Ｑ48も参照）。しかし、それから数十年が経った今、セイタカアワダチソウの猛攻は抑えられ、ススキなどの在来植物が分布を取り戻している場所も多く見られます。

　このことを考えると、長らく日本に自生しているニッコウキスゲやコバイケイソウと、それらを取り巻く植物との間に、強力なアレロパシーが存在し続ける可能性は低いのではないかと思います。

Q54 外来種の中に野生化するものとしないものがあるのはなぜか？

　最近、外来種の植物について疑問に感じたことがあります。私の住む北海道でも、ニセアカシアやアメリカオニアザミ、テウチグルミなどの草木が野生化している姿を見かけます。でも、公園や庭に多いアカナラ、ブルーベリー、ジューンベリー、ライラックなど、ほとんど野生化していない種類も多くあります。どんなに野生化しても、もともと日本にはなかった外来種なので、結局は気候や環境が妨げになって増えづらいのではないかと考えます。なぜ野生化する外来種と野生化しづらい外来種があるのでしょうか。（高校生）

図9－4　外来植物の例
(上段左から)ナガミヒナゲシ、アレチヌスビトハギ、ホソバウンラン。(下段左から)アレチウリ、アメリカフウロ、オランダミミナグサ

外来種(図9－4)について、「気候や環境が妨げになり、増えづらくなっているのでは」とお考えのようです。大正解です。

生態学では、「生物の環境」を「その生物を取り巻くすべての要因」と定義します。気候条件、光強度、温度、湿度、土壌の栄養分・水分・pHなどの「物理・化学要因」の他にも、その生物のまわり、あるいは体内にいる生物もその生物の環境なのです。これらを「生物要因」といいます。

植物の場合、光や栄養をめぐって競争している同種の他個体、他種の個体、植物を食べたり利用したりする動物、感染する病原菌や共生菌などの微生物もすべて「生物要因」に含みます。動物の場合、天敵、寄生虫、病原菌などが「生物要因の環境」です。無菌室で培養したり栽培したりすることを除けば、生物要因の環境の影響を受けない生物はありません。いくつか例をあげましょう。

①セイタカアワダチソウはアメリカ原産です。数十年前は、秋になると日本中の河川敷が一面黄色に見えるほどでした。生物要因の環境として、セイタカアワダチソウの成長を抑えるものがほとんどなく、セイタカアワダチソウは根からアレロパシー（他感作用）成分を出して他の植物の発芽を抑え、ほぼ純群落をつくっていました。

さて、現在はどうでしょうか。感染する菌類もあれば、他感作用成分に耐性の植物も増えたと思われます。そして、純群落はほとんど見られなくなりました。このように、新天地においてたまたま生育に適した「環境」に、成長や繁殖を邪魔するものが少なく、しかも自身の他感作用物質などが有効であれば、旺盛に繁殖できるのです。

セイタカアワダチソウの次に河川敷に現れたのは、これもアメリカ原産のオオブタクサです。成長がすばらしく速く、一年生草本なのに４ｍほどの高さにまで育ちます。この繁茂も落ち着き、最近では探すのに苦労するほどになりました。

②松枯病（まつがれびょう）により、特にアカマツに大きな被害が出て、多くの木が枯れました。これは、マツの材に棲息するマツノザイセンチュウが水分の通道を阻害することによります。マツ個体間のセンチュウの移動はマツノマダラカミキリが媒介しています。このマツノマダラカミキリはアメリカ原産で、新天地の日本では天敵なども少なく、マツにも抵抗性がありませんでした。これが一挙に

松枯れを拡大させた原因です。

しかし、徐々にその勢いがなくなっています。原因は、樹脂やテルペンの成分が異なる抵抗株が増えてきたことなどです。マツノマダラカミキリに寄生する菌類も出てきたようです。アメリカでは松枯病が目立たない状態にあることにも注目してください。このような生物環境が、松枯病による枯死率を低いレベルの定常状態に抑えていると考えられます。

ニッチ（niche）という言葉があります。人と違ったことをやっていると「ニッチなことをしているね」といわれたりします。このニッチは生態学の用語で、かつては生態学的地位などと訳しました。ダーウィンが「place」と呼んだものですが、場所のことだけを指しているわけではありません。いろいろな環境要因の組み合わせによって生じたplaceが、生物の棲み家となり得ます。このような組み合わせによって、異なる一つ一つの生物の棲み家をニッチというのです。

外来種がやってきたとき、もともとその生物が占めていたニッチに類似したニッチがたまたま空いていると大繁殖が可能です。しかし、まわりの生物がそのまま大繁殖をしている状態を放っておくわけではありません。また一方、そのようなニッチに強力な生物がすでに棲んでいるとなかなか侵入はできません。

奈良の春日山などでは、中国産のナギがナギ林を形成していて、これは日本では珍しいことです。本来は照葉樹林ですが、シカが同じニッチの照葉樹の稚樹を食べてくれるので、侵入に成功したようです。このシカも、生物要因の「環境」であることはいうまでもありません。今のところナギの稚樹は食べないようです。シカのおかげで、類似ニッチがガラ空きになったのです。とはいえ、シカの食性も変わるので油断はできません。環境もダイナミックに変化するのです。

第10章

自由研究

身近な植物の素朴なナゾ

Q55 朝昼夜でインゲンの葉の向きが変わっているが、これは何のためか？

4月からインゲンの観察をしています。毎日インゲンを観察していたら、朝昼夜で葉の向きが変わっていることに気づきました。インターネットで調べたら、それは就眠運動かなと思いました。就眠運動は何のためにするのですか。よくわからないので教えてください。（小学生）

観察されたインゲンの葉は、昼間は地面に水平になって開いていますが、夜になると閉じるという運動を繰り返していると思います。すでに調べられたように、葉や花を昼間に開き、夜に閉じるといった運動を「就眠運動」といいます。では、なぜこのような運動をするのでしょうか。

植物は光のエネルギーを用いて、二酸化炭素と水から糖やデンプンをつくる能力をもっているので、自分でつくった糖やデンプンを利用して生活しています。そのため、生きていくうえで光はとても重要です。昼間、インゲンの葉が地面に水平になるのは、太陽からの光エネルギーをたくさん受け取るのに適しているからだと思われます。

それでは、夜に葉が閉じるのはどのような利点があるかというと、いろいろな説がありますが、まだよくわかっていません。進化論を発表したことで有名なダーウィンは、夜、体内から熱が逃げるのを防ぐためではないかと考えました。それを支持する論文もありますが、本当にそうなのかはまだはっきりしていません。カタバミは昼間でも風が強いときは葉を閉じます。水が出ていくのを抑えているのかもしれません。

生物には約24時間を一周期とする体内リズムがあることが知られています。そのリズムでさまざまな体内の酵素活性や生理機能が調節されています。月光が当たるとそのリズムがくずされるともいわれているので、それを避けているのではないかという考えもあります。

また、葉を閉じて目立たなくすることで、葉を食べる動物や昆虫を避けているという考えもあります。オジギソウなどは昼間でも接触すると葉を閉じます。危険を避けているのかもしれません。

一方、「夜に葉を閉じない」といった、就眠運動をしない植物もあります。その理由についてもはっきりわかっていませんが、葉の開閉にはコストがかかるということも考えられます。例えば、葉（葉柄等を含む）の局所的膨圧の変化のための物質代謝や溶質の膜移動、開閉を制御する物質の合成や分解などにもコストがかかるでしょう。

いずれにしても、何のために就眠運動をしているのかという明白な答えはまだ出ていません。

Q56 オジギソウの葉が刺激を受けて閉じてから再び開くのに時間がかかるのはなぜか？

小学校の自由研究でオジギソウの研究をしていて、質問が二つあります。①刺激を受けてすばやく閉じた葉が、30分くらいしないと開きません（開くまでの時間を計る実験もして確認しました）。水の移動によって閉じた葉は、水が再び元に戻って開くのだと思いますが、なぜ開くときだけ時間がかかるのでしょうか。②昼間、明るいところで突然暗くしたら、2時間ほどで葉が閉じました。明るさ（暗さ）を感じていると考えますが、接触や熱などの刺激とは違って、どうやって明るさを感じているのでしょうか。また、暗くしてもすぐ閉じずに2時間ほどかかったのは、光で受ける刺激が葉の中に残っていたのでしょうか。（小学生）

まず、①「なぜ戻るときには時間がかかるのか」のご質問です。オジギソウ（図10−1）を触ったときに水が動くということは勉強されているようです。オジギソウの葉や枝の付け根には、こぶのようにふくらんだ部分があります。ここを葉枕（ようちん）と呼び、その中にはオジギソウの葉が動くための特別な細胞があります。

図10－1　**オジギソウ**
接触刺激を与える前（左）と接触刺激を与えた直後（右）

オジギソウを触るとこの細胞から水が出て、細胞が少しだけ縮みます。一つ一つの細胞の縮みは小さいものですが、たくさんの細胞が同時に縮むことで、私たちの目にも見える運動になります。

そして、細胞から水が出るためには、もう一つ大切なことがあります。それは、水よりも先にカルシウムイオンによる情報伝達があるということです。また水の素早い移動にはカリウムなどのイオン濃度の差が関わっていると考えられます。オジギソウが元に戻ろうとするときには一度細胞の外に出た水を元に戻す必要があります。

さて、細胞からイオンが出るときにエネルギーは必要ありませんが、イオンを細胞の中に戻すためにはエネルギーが必要だと考えられています。そのため、戻るときには時間が必要となります。ちょうど、ふくらませた風船の口から一気に空気が出た後、元の大きさまで空気入れでふくらますのには時間がかかるのと似ています。

また、オジギソウの葉が元に戻るときには、光合成も関係すると考えられています。ですから、植物が戻るまでの時間は、光の量や周囲の温度が重要になってきます。実際に、さまざまな条件で戻るまでの時間を調べるとおもしろいかもしれません。

次に、②「オジギソウが光をどうやって感じているか」のご質問です。これは大変難しい問題です。

光の話に入る前に、体内時計の話をしておきましょう。私たちの体の中には体内時計があり、およそ24時間周期のリズムを持っていて、海外旅行をしたときのように、まわりの時間と体内の時間がずれると「時差ぼけ」が起きます。実は、この体内時計が見つかるきっかけとなったのがオジギソウでした。

オジギソウにも人と同じように体内時計があり、およそ24時間周期のリズムを持っています。そのため、普通に育てたオジギソウを真っ暗なところに置いても、しばらくは24時間周期で葉を閉じたり開いたりすることが知られています。しかし、光を受けないでいると、24時間周期の体内時計が少しずつずれてしまいます。

このようにオジギソウがいつ葉を開閉するかは、体内時計と光の影響を受けるといえるでしょう。この他にもいろいろなことが関係してきます。

ご質問者の実験では、昼間に突然暗くしたら2時間ほどで葉が閉じたということですが、本来なら暗くしても葉が閉じるまでの時間は、外に置いておいたときとあまり変わらないはずです。つまり、さまざまな影響が複雑に関係している可能性があります。例えば、温度の変化はどうでしょうか。光を当てはじめてから暗くするまでの時間はどれくらいだったでしょうか。いくつかの条件で追加実験をしてみるといいかもしれません。

では、本題の「光の感じ方」ですが、オジギソウに限らず、植物には光を感じる「目」があります。オジギソウでも「フィトクロム」と「フォトトロピン」というタンパク質が光を感じる目、つまり光受容体の役割をしていると考えられています。

フィトクロムは、植物の光受容体の中でもっともよく知られているタンパク質で、赤色光で活性化され、遠赤色光で不活性化されるという、赤色光／遠赤色光可逆性が見られる性質をもっています。このフィトクロムは、ご質問のオジギソウの例の他に、花芽形成や発芽の制御など、多くの場面に関与しています。また、フォトトロピンは青色の光受容体で、こちらは青い光に応答する性質があり、光屈性に関わっているものです。その他、クリプトクロムという青色光受容体もあり、植物はこれらを駆使して、自分が置かれた光環境を感じ取っていると考えられています。

しかし、オジギソウが光を感じた後、どのようにして葉を閉じたり開いたりするのか、細かいことはわかっていません。これは今後の課題です。

Q57 サボテンはなぜ乾燥した地域で生きていけるのか？

私の部屋にサボテンがあります。あるとき「サボテンってどこで呼吸しているんだ？」と思いました。そして、よくよく考えてみると「サボテンってどこに養分をためているの？」「サボテンってどういうつくりになっているの？」と、私にとって謎に包まれた植物であることに気づきました。そこで質問です。

①なぜ水のない地域で生きていけるのか。
②光合成および呼吸、蒸散はどこでおこなっているのか。
③なぜ刺（とげ）を持つ必要があったのか。（中学生）

鉢植えにした観賞用のサボテン（図10－2）には数多くの種類があり、うまく育てればきれいな花も咲くので、心を和ませてくれますね。学校で習うのとはかなり違った形の植物なので、こ

図10－2　観賞用に市販されているサボテンの例
ウチワサボテン（右）とハシラサボテン（左）

のような疑問が出てきたのだと思います。科学の心とは、そういう疑問をもつ心のことです。

さて、サボテン類には大きく三つのグループがありますが、そのうち日本で観賞用に市販されている多くは、茎がうちわ状になるウチワサボテンの仲間と、茎が柱状になるハシラサボテンの仲間です。

この二つのグループの特徴は、茎が多肉化して緑色で、ここで光合成をしていることと、茎が節でつながる構造（茎節〈けいせつ〉）をもつことです。サボテン科の刺は葉が変形したものです。

では、ご質問にお答えしましょう。

①なぜ水のない地域で生きていけるのか。

サボテン類が生育している砂漠は、乾燥

した荒れ地といった方がいい地域で、年間100㎜前後の雨が降ります。夕立のような強い雨が局所的に降り、一時的に川ができることすらあります。また、日中は非常に高温になりますが、夜は急激に冷えて、氷点下になることさえあり、空気中の湿気が水滴となります。

サボテンなどの「多肉植物」と呼ばれる植物は、厚い（太い）葉や茎にこのような水や栄養成分を蓄えています。また、根が地中深くまで伸びて、地中の水を利用するものもあります。このようにして、乾燥した荒れ地でも生きていけるのです。

②光合成および呼吸、蒸散はどこでおこなっているのか。

最初に説明したように、サボテンは茎で光合成をしています。そして、二酸化炭素と酸素を取り込んだり、排出したり、水を蒸発（蒸散）させたりする気孔も茎にあります。

また、ご質問の「呼吸」が動物の肺呼吸（外呼吸）に相当する、空気中の酸素を取り込んで二酸化炭素を排出する働きとするなら、茎の気孔を通しておこなっています。ただし、糖類を分解してエネルギーを取り出すために、酸素を取り込んで二酸化炭素を排出する呼吸（動物では「内呼吸」）は、すべての生きている細胞でおこなっています。

サボテンの光合成は、普通の植物の光合成と仕組みが少し違っています。普通の植物は昼間、気孔を開けて二酸化炭素を取り込み、光合成作用で糖をつくっていますが、サボテンの場合、昼間は気孔を閉じて二酸化炭素を取り込んでいません。これは、日中、高温のときには気孔を閉じて蒸散を少なくし、水の損失を防いでいるためと考えられています。そして、夜になると気孔を開けて二酸化炭素を取り込み、これをリンゴ酸に変えて細胞内に蓄えます。

このように、気体の二酸化炭素を体内の化合物に結合させることを「二酸化炭素の固定（仮固定）」といいます。夜は光がないので光合成ができませんが、昼になると、細胞内に蓄えておいたリンゴ酸から二酸化炭素を取り出して光合成をします。気孔は閉じていても光合成で酸素ができるので、細胞が窒息することはありません。

③なぜ刺を持つ必要があったのか。

非常に頑丈で針のような刺もあるので、一般的には、刺は動物に食べられるのを防ぐためと説明されています。また、茎節が簡単にはずれる種類もあり、その場合、刺は茎節を動物にくっつけて遠くに運ばれるのに役立ちます。運ばれた先で地上に落ちた茎節は根を出し、生息範囲を広げることができます。

Q58 赤い花のホウセンカのタネから、白い斑点の入った花が咲いたのはなぜか？

去年、赤い花のホウセンカを育てたので、そのタネを植えました。すると、今年は、赤い色に白い斑点がついた花が咲きました。なぜでしょうか。（小学生）

遺伝とは、両親の形質（生物の形、色、働きなどのすべて）が次世代に伝わる現象のことです。その伝わり方には一定の法則があるということを、オーストリア・ハンガリー帝国のブルノ（現在のチェコ）のメンデル（植物育種学者）が見出し、今でも「メンデルの法則」としてさまざまな遺伝現象の説明に使われています。ただし、メンデルの法則は、純系（ある形質についての遺伝子組成が同じ系統の生物で、ある形質に注目しながら近親交配を繰り返すことにより得られる）において成り立つもので、通常の生物はほとんど雑種のため、花色の遺伝については簡単には説明できない場合が多くあります。

多細胞生物個体の各細胞にある遺伝子群（つまり染色体）のセットは、すべて同じです。というのも、もともと一つの細胞が分裂増殖してできたものなので、最初の一つの細胞（受精卵の細胞、父親と母親からそれぞれ染色体セットを受け継いでいる）とまったく同じものがコピーのようにつくられてきたからです。

ところが、すべての組織（同じ形、働きの細胞の集団）の形、働きは同じではありません。それは、遺伝子のセットは同じでも、ある遺伝子が働くか働かないかはさまざまな要因によって異なるからです。例えば、隣の細胞との位置関係や縦に分裂したか横に分裂したかといった細胞の置かれた位置、栄養の偏りをはじめ、酸素や水は十分か、明所か暗所か、日当たりはどうか、他のものに接触したか、小動物などに傷をつけられたかといった外からの刺激の種類など、多岐にわたります。その結果、丸い細胞、長い細胞、軟らかい細胞、丈夫な細胞などができたり、色も赤や緑、黄色、無色などの細胞ができたりして、個体の形態形成がおこなわれるのです。

もう一つ重要なことは、細胞分裂の過程で遺伝子が複製されるときに、稀に間違いが起こることもある、ということです。その遺伝子を持つ細胞が致死でなければ、変異した遺伝子を持った細胞が加わることになるので、親とは違ったものになることがあるわけです。これは、紫外線や放射線などに照射されたときなどに起こります。


前置きが長くなりましたが、ご質問に戻りましょう。

ホウセンカの花弁の色は、アントシアニンと呼ばれる色素によるもので、アントシアニンの働きによって花弁が色付きます（図10-3）。市販のホウセンカには、花が赤、桃、黄、紫、白の

図10－3　ホウセンカ

単色系統ばかりでなく、白い斑の入った花が比較的安定した系統として多くあるようです。言い換えれば、花の色に関しては、これらの系統は純系に近くなっているようです。

　次世代ともいえる種子ができるときには受粉が必要です。ホウセンカは葉の付け根にある腋芽が花となり、ラッパ状の花が横向きに咲き、マルハナバチなどの送粉昆虫が受粉を助けているため、他の株の花粉がつく確率が高くなります。ホウセンカの場合、開花した初期の雌しべは雄しべに包まれて柱頭は露出しておらず、受粉もできません。雄しべは、花粉を出してから間もなく落ち、その後に雌しべの柱頭が露出するので、自分の花の花粉を受粉する機会はなく、ほとんどが他の株の花粉を受粉する「他家受粉」になります。そのため、受粉した株の花は赤かったとしても、花粉親（交配における花粉の持ち主のほうの親）の花色はわかりません。

このとき、花粉親が赤に白い部分を持つ花であれば、ご質問者がまいた種子はいわゆる雑種で、それをまいても母親の赤だけが出るとは限りません。ホウセンカは1つの花にたくさんの種子をつくります。1本の雌しべの下部にある子房内には卵細胞を持つ胚珠がたくさんあり、各卵細胞は1個の花粉から発芽した花粉管内に送られた精細胞と融合して種子を形成します。昆虫が運んでくる花粉、つまり父親の遺伝子群は他の株の遺伝子群で、極端な場合、さまざまな株の花でつくられたものの混合物なので、できたたくさんの種子の父親は全部が同じではない可能性が高くなります。したがって、1つの赤い花からできたたくさんの種子を全部まいたら、母親と同じ赤い花の他に、花粉親の形質を持った白い部分のある花が混ざって出ることもあるでしょう。もしご質問者が1粒の種子をまいたのであれば、たまたま花粉親の形質が現れたとみるのが妥当だと思います（この部分は、メンデルの法則の中の「分離の法則」に基づいた考え方です）。

ただし、これとは別の可能性も考えられます。その一つが、「トランスポゾン（転移因子）」と呼ばれる遺伝子によるものです。

トランスポゾンは、遺伝子群の中を飛び回り、ときどき他の遺伝子の中に飛び込んで、その遺伝子の働きを止めてしまうことがあります。また、ときにはそこから飛び出して、働きが止められていた遺伝子が再び働きだすこともあります。このトランスポゾンは種類も数も多く、どのトランスポゾンがいつ飛び出し、どこへ飛び込むかという規則性はありません。ある組織で色素を合成する遺伝子に飛び込んだり抜け出したりした場合、その組織は白色になったり有色になったりします。

ホウセンカの花弁が色付くのは、アントシアニンという色素を合成するための遺伝子が働くからです。この色素合成担当遺伝子が働かなければ色素はつくられないので、花弁は白くなります。もし、花弁のもとになる細胞がつくられるときにトランスポゾンが動き出したら、白い斑点ができる可能性もあるわけです。たくさんの細胞に飛び込めば斑点状になり、飛び込む時期によっては白い筋が入ることもあります。

ご質問者が赤い花の種子をいくつまいたかはわかりませんが、1粒の種子をまいてご質問のような現象が起きたとすれば、トランスポゾンによる可能性は捨てきれません。しかし、複数の種子をまいて、すべての個体の花が赤に白い部分が入ったとすると、トランスポゾンによる可能性は低いように思います。

Q59 タマネギの鱗片表皮細胞は、どのような膜タンパク質、チャネルタンパク質を持っているのか？

理科の自由研究で、タマネギの鱗片表皮細胞を使って、まずはショ糖を用いて原形質分離を確認しました。次に、電離度1のNaCl（食塩）を用いて選択的透過性について実験しました。細胞膜だけではイオン性の物質などはかなり透過しにくいので、膜タンパク質、チャネルタンパク質等が透過に関与していますが、ここで疑問が生じました。そもそもタマネギの鱗片表皮細胞は、どういった膜タンパク質、チャネルタンパク質を持っているのでしょうか。（中学生）

原形質分離の実験から植物細胞の膜輸送の仕組みまでを十分に理解するには、まだよくわかっていないことがたくさんあります。

タマネギの鱗片葉の表皮細胞という限定した実験材料の細胞膜に、どのような膜（輸送）タンパク質やチャネルタンパク質が存在するかについての研究は、調べてみた限りではほとんどないようです。

ただ、タマネギの鱗片葉の表皮細胞も、他のよく調べられている植物細胞と同じような膜タンパク質を持っているとみて間違いないでしょう。それらの中で、原形質分離に関係しそうなものを考えると、次の五つは多くの細胞に普遍的に見られる膜タンパク質といっていいと思います。

①水分子の輸送に働くアクアポリン（水チャネル）
②イオンや糖などが輸送されるときのエネルギーを供給するH^+輸送性ＡＴＰ分解酵素
③K^+やCl^-を透過させるイオンチャネル
④Na^+やCa^{2+}を細胞外に運び出す輸送タンパク質
⑤糖やアミノ酸などを細胞内に取り込む輸送タンパク質

このうち、物質の輸送速度が圧倒的に速いのは①のアクアポリンなので、一般的に、ショ糖やNaClなどの輸送速度が遅い物質で外液の浸透圧を上げると、細胞膜は見かけ上の半透膜として働き、すぐに水のみが移動して原形質分離が起こります。

ショ糖は細胞内に徐々に取り込まれていきますが、取り込まれるとすぐに代謝されていくため、細胞質の浸透圧が取り込まれた量に比例して上昇するわけではありません。

一方、NaClを使って原形質分離をさせると、やはりイオンが少しずつ細胞内に取り込まれますが、この場合は、取り込まれたイオンの量に応じて細胞内の浸透圧が上昇することが想定されます。ただし、高濃度のNa^+やCl^-は植物細胞に毒性を持つため、長時間そのような溶液に細胞を浸けておくと、浸透圧が上昇する前に細胞が死んでしまう可能性もあります。昔は、KNO_3（硝酸カリウム）などを使って原形質分離が回復するという実験などがされていました。これは、K^+やNO_3^-のほうが植物細胞への毒性が低いからといえるでしょう。

この他にも、植物細胞の細胞膜には、多種多様な膜タンパク質が存在することが想定されています。ちなみに、遺伝子の種類から膜タンパク質を調べた研究では、植物細胞は1000種類近い膜タンパク質を持っていることが想定されています。タマネギの鱗片葉の表皮細胞の細胞膜に、どれくらいの膜タンパク質が存在するかはわかりませんが、そこで働いている何十、何百の膜タンパク質がどのような働きをしているかは、今後の研究で明らかにされていくと思います。

Q 60　種は何を基準に分類されているのか？

テンナンショウの仲間（サトイモ科の多年草。有毒なものもある）に興味があり調べていたら、カントウマムシグサ、コウライテンナンショウの分類が未解決になっていることを知りました。原因としては、種間で交雑する例があること、地域変異に富んでいることがあるようです。そこで、疑問に感じたのが、「何をもって種を定義しているのか」ということです。また、最近ではゲノムを解析してAPG体系なるものが作られていると知りましたが、ゲノムを基盤とする分類体系ってどんなものなのかと、さらに疑問が深まりました。（大学院生）

「種とは何か」は極めて難しい問題です。生物学的種概念や形態学的種概念などいろいろな種概念が提唱されており、答えは定まっていないのが現状ですが、それぞれに利点があるとみられます。

実用的に求められている分類は、わかりやすいことで、命名・同定ということを考えたら、古い形態分類の基準を排除することはできないと思います。

一方、科学としては、生物の本質のひとつは進化することであり、その進化の過去・現在・未来の解明に貢献できるような分類が求められているということだと思います。その進化の過程で自己再生産能力を有する「種」が形成されると考えるわけですが、ダーウィンが考えている通り、種には常に分化をもたらす選択圧が働いており、種のあり方（姿）はダイナミックなもので、不安定な（まだ十分に分化していない、あるいはこれから分化しようとしている）種が多数あるはずです（そうでなければ進化が停滞してしまいます）。テンナンショウ属はその一例で、最近、特に興味の対象となり、詳しく調べられるようになって、不安定な種が多数含まれることが浮き彫りになってきました。

このようにダイナミックな種のあり方に対して、分けるということがそもそも矛盾しているともいえます。それにもかかわらず、分類しない世界（名前のない世界）はあり得ないので、得られた情報に応じて最善の「種」の特徴を明らかにし、識別するというのが分類の現状でしょう。

ＡＰＧ分類体系（Angiosperm Phylogeny Group：被子植物系統研究グループ）は、ＤＮＡ情報の比較によって得られた信頼性の高い系統関係に基づき、単系統群（単一の祖先とそのすべての子孫からなる群）を分類群として認識するというものです。主に科・属レベルで使われており、この考え方を種レベルに適用し、系統学的種概念に基づいて種の範囲を決めることもおこなわれています。

回答者一覧（五十音順）

JSPPサイエンスアドバイザー

浅田浩二
今関英雅
勝見允行
櫻井英博
佐藤公行
柴岡弘郎
庄野邦彦
竹能清俊
寺島一郎
長谷あきら
山谷知行
（敬称略）

回答協力者

荒木 崇
遠藤泰彦
柿本辰男
笠原博幸
川窪伸光
神澤信行
酒井章子
坂口修一
坂本 亘
下野綾子
白石友紀
田中 歩
谷 友和
塚谷裕一
富永基樹
西谷和彦
原 正和
藤田知道
保尊隆享
町田泰則
三村徹郎
三宅 崇
邑田 仁
横山 潤
吉田 均
（敬称略）

〈ま行〉

〈や・ら・わ行〉

〈た行〉

〈な行〉

〈は行〉

〈さ行〉

〈欧文〉

〈あ行〉

さくいん

〈植物名〉

N.D.C.471.3　234p　18cm

ブルーバックス　B-2257

植物の謎（しょくぶつのなぞ）
60のQ＆Aから見える、強くて緻密な生きざま

2024年３月20日　第１刷発行

編者　日本植物生理学会（にほんしょくぶつせいりがっかい）
発行者　森田浩章
発行所　株式会社講談社
〒112-8001 東京都文京区音羽2-12-21
電話　出版　03-5395-3524
販売　03-5395-4415
業務　03-5395-3615
印刷所　（本文印刷）株式会社ＫＰＳプロダクツ
（カバー表紙印刷）信毎書籍印刷株式会社
本文データ制作　講談社デジタル製作
製本所　株式会社国宝社

ISBN978-4-06-534838-3

発刊のことば

科学をあなたのポケットに

二十世紀最大の特色は、それが科学時代であるということです。科学は日に日に進歩を続け、止まるところを知りません。ひと昔前の夢物語もどんどん現実化しており、今やわれわれの生活のすべてが、科学によってゆり動かされているといっても過言ではないでしょう。

そのような背景を考えれば、学者や学生はもちろん、産業人も、セールスマンも、ジャーナリストも、家庭の主婦も、みんなが科学を知らなければ、時代の流れに逆らうことになるでしょう。

ブルーバックス発刊の意義と必然性はそこにあります。このシリーズは、読む人に科学的に物を考える習慣と、科学的に物を見る目を養っていただくことを最大の目標にしています。そのためには、単に原理や法則の解説に終始するのではなくて、政治や経済など、社会科学や人文科学にも関連させて、広い視野から問題を追究していきます。科学はむずかしいという先入観を改める表現と構成、それも類書にないブルーバックスの特色であると信じます。

一九六三年九月　　野間省一

ブルーバックス　生物学関係書(I)

1073	へんな虫はすごい虫	安富和男
1176	考える血管	児玉龍彦／浜窪隆雄
1341	食べ物としての動物たち	伊藤　宏
1391	ミトコンドリア・ミステリー	林　純一
1410	新しい発生生物学	木下　圭／浅島　誠
1427	筋肉はふしぎ	杉　晴夫
1439	味のなんでも小事典	日本味と匂学会＝編
1472	DNA(上)	ジェームス・D・ワトソン／アンドリュー・ベリー　青木　薫＝訳
1473	DNA(下)	ジェームス・D・ワトソン／アンドリュー・ベリー　青木　薫＝訳
1474	クイズ　植物入門	田中　修
1507	新しい高校生物の教科書	栃内　新／左巻健男＝編著
1528	新・細胞を読む	山科正平
1537	「退化」の進化学	犬塚則久
1538	進化しすぎた脳	池谷裕二
1565	これでナットク！　植物の謎	日本植物生理学会＝編
1592	発展コラム式　中学理科の教科書　第2分野（生物・地球・宇宙）	石渡正志／滝川洋二＝編
1612	光合成とはなにか	園池公毅
1626	進化から見た病気	栃内　新
1637	分子進化のほぼ中立説	太田朋子
1647	インフルエンザ　パンデミック	河岡義裕／堀本研子
1662	老化はなぜ進むのか	近藤祥司
1670	森が消えれば海も死ぬ　第2版	松永勝彦
1681	マンガ　統計学入門	アイリーン・マグネロ＝文　ボリン・V・ルーン＝絵　神永正博＝監訳　井口耕二＝訳
1712	図解　感覚器の進化	岩堀修明
1725	魚の行動習性を利用する釣り入門	川村軍蔵
1727	iPS細胞とはなにか	朝日新聞大阪本社科学医療グループ
1730	たんぱく質入門	武村政春
1792	二重らせん	ジェームス・D・ワトソン　江上不二夫／中村桂子＝訳
1800	ゲノムが語る生命像	本庶　佑
1801	新しいウイルス入門	武村政春
1821	これでナットク！　植物の謎Part2	日本植物生理学会＝編
1829	エピゲノムと生命	太田邦史
1842	記憶のしくみ（上）	ラリー・R・スクワイア／エリック・R・カンデル　小西史朗／桐野　豊＝監修
1843	記憶のしくみ（下）	ラリー・R・スクワイア／エリック・R・カンデル　小西史朗／桐野　豊＝監修
1844	死なないやつら	長沼　毅
1849	分子からみた生物進化	宮田　隆
1853	図解　内臓の進化	岩堀修明

ブルーバックス　生物学関係書（II）

ブルーバックス　生物学関係書（Ⅲ）

番号	書名	著者
2156	新型コロナ　7つの謎	宮坂昌之
2159	「顔」の進化	馬場悠男
2163	カラー図解　アメリカ版　新・大学生物学の教科書　第1巻　細胞生物学	D・サダヴァ他　石崎泰樹・中村千春＝監訳　小松佳代子＝訳
2164	カラー図解　アメリカ版　新・大学生物学の教科書　第2巻　分子遺伝学	D・サダヴァ他　中村千春＝監訳　小松佳代子＝訳
2165	カラー図解　アメリカ版　新・大学生物学の教科書　第3巻　分子生物学	D・サダヴァ他　石崎泰樹・中村千春＝監訳　小松佳代子＝訳
2166	寿命遺伝子	森　望
2184	呼吸の科学	石田浩司
2186	図解　人類の進化	斎藤成也＝編・著　海部陽介　米田　穣　隅山健太
2190	生命を守るしくみ　オートファジー	吉森　保
2197	日本人の「遺伝子」からみた病気になりにくい体質のつくりかた	奥田昌子

ブルーバックス　医学・薬学・心理学関係書（Ⅲ）